❝ 매일 성장하는 초등 자기개발서 ❞

ⓦ 완자

공부력

Q 왜 공부력을 키워야 할까요?

쓰기력

정확한 의사소통의 기본기이며 논리의 바탕

연필을 잡고 종이에 쓰는 것을 괴로워한다!
맞춤법을 몰라 정확한 쓰기를 못한다!
말은 잘하지만 조리 있게 쓰는 것이 어렵다!
그래서 글쓰기의 기본 규칙을 정확히 알고
써야 공부 능력이 향상됩니다.

어휘력

교과 내용 이해와 독해력의 기본 바탕

어휘를 몰라서 수학 문제를 못 푼다!
어휘를 몰라서 사회, 과학 내용 이해가 안 된다!
어휘를 몰라서 수업 내용을 따라가기 어렵다!
그래서 교과 내용 이해의 기본 바탕을
다지기 위해 어휘 학습을 해야 합니다.

독해력

모든 교과 실력 향상의 기본 바탕

글을 읽었지만 무슨 내용인지 모른다!
글을 읽고 이해하는 데 시간이 오래 걸린다!
읽어서 이해하는 공부 방식을 거부하려고 한다!
그래서 통합적 사고력의 바탕인 독해 공부로
교과 실력 향상의 기본기를 닦아야 합니다.

계산력

초등 수학의 핵심이자 기본 바탕

계산 과정의 실수가 잦다!
계산을 하긴 하는데 시간이 오래 걸린다!
계산은 하는데 계산 개념을 정확히 모른다!
그래서 계산 개념을 익히고 속도와 정확성을
높이기 위한 훈련을 통해 계산력을 키워야 합니다.

세상이 변해도 배움의 즐거움은 변함없도록

시대는 빠르게 변해도
배움의 즐거움은
변함없어야 하기에

어제의 비상은
남다른 교재부터
결이 다른 콘텐츠
전에 없던 교육 플랫폼까지

변함없는 혁신으로
교육 문화 환경의 새로운 전형을
실현해왔습니다.

비상은 오늘, 다시 한번
새로운 교육 문화 환경을 실현하기 위한
또 하나의 혁신을 시작합니다.

오늘의 내가 어제의 나를 초월하고
오늘의 교육이 어제의 교육을 초월하여
배움의 즐거움을 지속하는 혁신,

바로, 메타인지 기반 완전 학습을.

상상을 실현하는 교육 문화 기업 비상

메타인지 기반 완전 학습
초월을 뜻하는 meta와 생각을 뜻하는 인지가 결합한 메타인지는
자신이 알고 모르는 것을 스스로 구분하고 학습계획을 세우도록 하는
궁극의 학습 능력입니다. 비상의 메타인지 기반 완전 학습 시스템은
잠들어 있는 메타인지를 깨워 공부를 100% 내 것으로 만들도록 합니다.

완자

공부력

초등 수학
계산 2A

초등 수학 계산 단계별 구성

1A	1B	2A	2B	3A	3B
9까지의 수	100까지의 수	세 자리 수	네 자리 수	세 자리 수의 덧셈	곱하는 수가 한·두 자리 수인 곱셈
9까지의 수 모으기, 가르기	받아올림이 없는 두 자리 수의 덧셈	받아올림이 있는 두 자리 수의 덧셈	곱셈구구	세 자리 수의 뺄셈	나누는 수가 한 자리 수인 나눗셈
한 자리 수의 덧셈	받아내림이 없는 두 자리 수의 뺄셈	받아내림이 있는 두 자리 수의 뺄셈	길이(m, cm)의 합과 차	나눗셈의 의미	분수로 나타내기, 분수의 종류
한 자리 수의 뺄셈	100이 되는 더하기, 10에서 빼기	세 수의 덧셈과 뺄셈	시각과 시간	곱하는 수가 한 자리 수인 곱셈	들이·무게의 합과 차
50까지의 수	받아올림이 있는 (몇)+(몇), 받아내림이 있는 (십몇)-(몇)	곱셈의 의미		길이(cm와 mm, km와 m)· 시간의 합과 차	
				분수와 소수의 의미	

초등 수학의 핵심! **수**, **연산**, **측정**, **규칙성** 영역에서
핵심 개념을 쉽게 이해하고, 다양한 계산 문제로 계산력을 키워요!

4A	4B	5A	5B	6A	6B
큰 수	분모가 같은 분수의 덧셈	자연수의 혼합 계산	수 어림하기	나누는 수가 자연수인 분수의 나눗셈	나누는 수가 분수인 분수의 나눗셈
각도의 합과 차, 삼각형·사각형의 각도의 합	분모가 같은 분수의 뺄셈	약수와 배수	분수의 곱셈	나누는 수가 자연수인 소수의 나눗셈	나누는 수가 소수인 소수의 나눗셈
세 자리 수와 두 자리 수의 곱셈	소수 사이의 관계	약분과 통분	소수의 곱셈	비와 비율	비례식과 비례배분
나누는 수가 두 자리 수인 나눗셈	소수의 덧셈	분모가 다른 분수의 덧셈	평균	직육면체의 부피	원주, 원의 넓이
	소수의 뺄셈	분모가 다른 분수의 뺄셈		직육면체의 겉넓이	
		다각형의 둘레와 넓이			

특징과 활용법

하루 4쪽 공부하기

✳ 차시별 공부

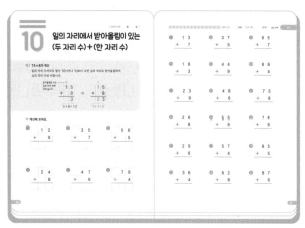

✳ 차시 섞어서 공부

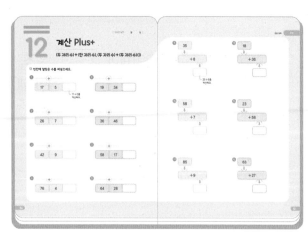

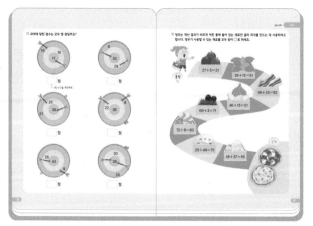

✳ 하루 4쪽씩 공부하고, 채점한 후, 틀린 문제를 다시 풀어요!

✅ 책으로 하루 4쪽 공부하며, 초등 계산력을 키워요!

✅ 모바일로 공부한 내용을 복습하고 몬스터를 잡아요!

공부한 내용 확인하기

모바일로 복습하기

✳ **단원별 계산 평가**

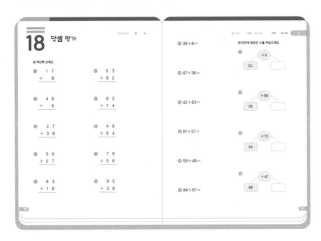

✳ **단계별 계산 총정리 평가**

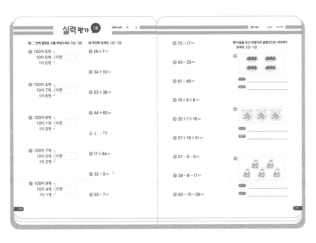

✳ 평가를 통해 공부한 내용을 확인해요!

앱 다운받기   책 인증하기

✳ 그날 배운 내용을 바로바로,
또는 주말에 모아서 복습하고,
다이아몬드 획득까지! 💎
공부가 저절로 즐거워져요!

차례

1 세 자리 수

세 자리 수의 **개념**을 알고,
세 자리 수의 **자릿값**과 **나타내는 값**을 이해하는 것이 중요한

백, 몇백

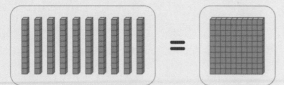

- 10이 10개인 수
  → 쓰기 100　읽기 백
- 100은 90보다 10만큼 더 큰 수입니다.

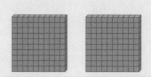

- 100이 2개인 수
  → 쓰기 200　읽기 이백
  참고 100이 ■개인 수 → ■00

○ 수 모형을 보고 ☐ 안에 알맞은 수를 써넣으세요.

1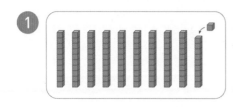

99보다 ☐ 만큼 더 큰 수 ⇨ ☐

2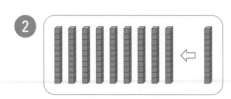

90보다 ☐ 만큼 더 큰 수 ⇨ ☐

3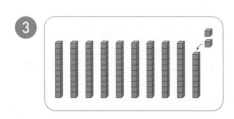

98보다 ☐ 만큼 더 큰 수 ⇨ ☐

4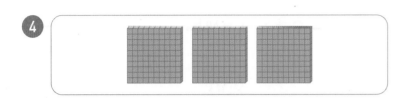

100이 ☐ 개인 수

⇨ ☐

5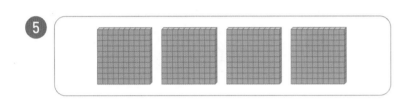

100이 ☐ 개인 수

⇨ ☐

6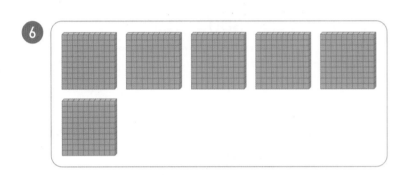

100이 ☐ 개인 수

⇨ ☐

7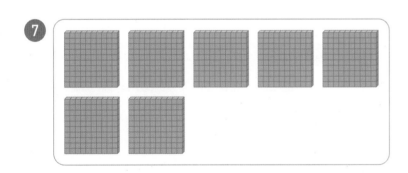

100이 ☐ 개인 수

⇨ ☐

8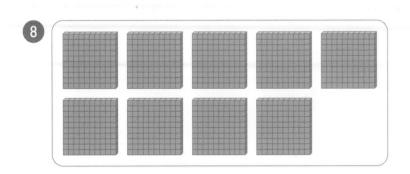

100이 ☐ 개인 수

⇨ ☐

9 백

10 이백

11 사백

12 오백

13 육백

14 칠백

15 구백

16 200

17 500

18 300

19 600

20 900

21 400

22 800

○ 나타내는 수를 써 보세요.

㉓ 100이 2개인 수 ⇨ ⬜

㉙ 10이 10개인 수 ⇨ ⬜

㉔ 70보다 30만큼 더 큰 수 ⇨ ⬜

㉚ 100이 4개인 수 ⇨ ⬜

㉕ 100이 8개인 수 ⇨ ⬜

㉛ 100이 9개인 수 ⇨ ⬜

㉖ 96보다 4만큼 더 큰 수 ⇨ ⬜

㉜ 60보다 40만큼 더 큰 수 ⇨ ⬜

㉗ 100이 7개인 수 ⇨ ⬜

㉝ 100이 5개인 수 ⇨ ⬜

㉘ 80보다 20만큼 더 큰 수 ⇨ ⬜

㉞ 97보다 3만큼 더 큰 수 ⇨ ⬜

세 자리 수

백 모형	십 모형	일 모형
100이 **4**개	10이 **2**개	1이 **3**개

100이 4개, 10이 2개, 1이 3개인 수 → 쓰기 **423**   읽기 **사백이십삼**

참고 읽은 것을 수로 나타낼 때 읽지 않는 자리에는 0을 씁니다.

· 삼백팔 → 38 (×)
           308 (○)
십의 자리를 읽지 않습니다.

· 오백칠십 → 57 (×)
             570 (○)
일의 자리를 읽지 않습니다.

◉ 수 모형을 보고 빈 곳에 알맞은 숫자를 써넣고, 나타내는 수를 써 보세요.

1

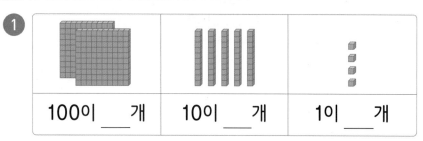

100이 ___ 개	10이 ___ 개	1이 ___ 개

⇨ 나타내는 수:

2

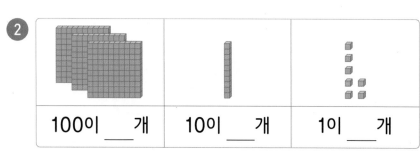

100이 ___ 개	10이 ___ 개	1이 ___ 개

⇨ 나타내는 수:

◯ 수 모형을 보고 빈 곳에 알맞은 숫자를 써넣고, 수 모형이 나타내는 수를 쓰고 읽어 보세요.

3

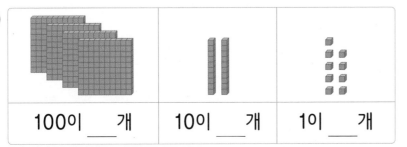

100이 ___ 개 | 10이 ___ 개 | 1이 ___ 개

쓰기 _____

읽기 _____

4

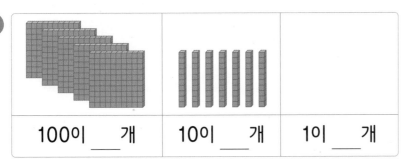

100이 ___ 개 | 10이 ___ 개 | 1이 ___ 개

쓰기 _____

읽기 _____

5

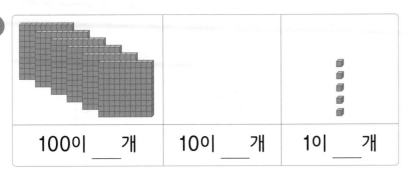

100이 ___ 개 | 10이 ___ 개 | 1이 ___ 개

쓰기 _____

읽기 _____

6

100이 ___ 개 | 10이 ___ 개 | 1이 ___ 개

쓰기 _____

읽기 _____

○ 돈은 모두 얼마인지 ☐ 안에 알맞은 수를 써넣으세요.

7

☐ 원

11

☐ 원

8

☐ 원

12
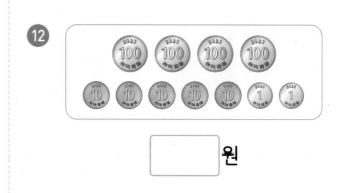
☐ 원

9

☐ 원

13

☐ 원

10

☐ 원

14
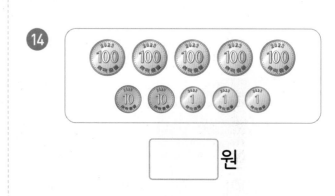
☐ 원

○ 수로 나타내어 보세요.

⑮ 백칠십사

⑯ 이백오십육

⑰ 삼백사십구

⑱ 사백육십

⑲ 오백팔십삼

⑳ 육백이

㉑ 칠백삼십육

○ 수를 읽어 보세요.

㉒ 267

㉓ 349

㉔ 584

㉕ 631

㉖ 729

㉗ 817

㉘ 908

세 자리 수의 자릿값

● **427에서 각 자리 숫자가 나타내는 값**

백의 자리	십의 자리	일의 자리
4	2	7

↓

4	0	0
	2	0
		7

427에서
4는 백의 자리 숫자이고, 400을 나타냅니다.
2는 십의 자리 숫자이고, 20을 나타냅니다.
7은 일의 자리 숫자이고, 7을 나타냅니다.

427 = 400 + 20 + 7

○ **주어진 수를 보고 빈칸에 알맞은 수를 써넣으세요.**

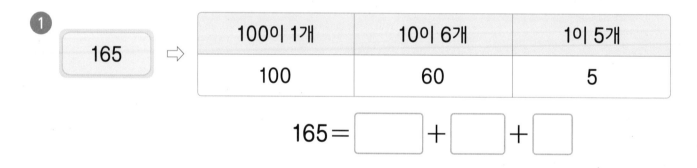

1 165 ⇨

100이 1개	10이 6개	1이 5개
100	60	5

165 = ☐ + ☐ + ☐

2 382 ⇨

100이 3개	10이 8개	1이 2개

382 = ☐ + ☐ + ☐

● 주어진 수를 보고 빈칸에 알맞은 숫자를 써넣으세요.

3 269

백의 자리	십의 자리	일의 자리

7 634

백의 자리	십의 자리	일의 자리

4 371

백의 자리	십의 자리	일의 자리

8 790

백의 자리	십의 자리	일의 자리

5 408

백의 자리	십의 자리	일의 자리

9 852

백의 자리	십의 자리	일의 자리

6 527

백의 자리	십의 자리	일의 자리

10 916

백의 자리	십의 자리	일의 자리

● 주어진 수를 보고 빈칸에 각 자리 숫자와 그 숫자가 나타내는 값을 써넣으세요.

11   146

	백의 자리	십의 자리	일의 자리
자리 숫자			
나타내는 값			

14   502

	백의 자리	십의 자리	일의 자리
자리 숫자			
나타내는 값			

12   385

	백의 자리	십의 자리	일의 자리
자리 숫자			
나타내는 값			

15   728

	백의 자리	십의 자리	일의 자리
자리 숫자			
나타내는 값			

13   473

	백의 자리	십의 자리	일의 자리
자리 숫자			
나타내는 값			

16   960

	백의 자리	십의 자리	일의 자리
자리 숫자			
나타내는 값			

◎ 밑줄 친 숫자가 나타내는 값을 찾아 ◯표 하세요.

⑰ 18<u>2</u>

800	80	8

㉓ 59<u>4</u>

400	40	4

⑱ 25<u>3</u>

300	30	3

㉔ <u>6</u>49

600	60	6

⑲ 3<u>1</u>6

100	10	1

㉕ 7<u>2</u>3

200	20	2

⑳ <u>4</u>29

400	40	4

㉖ 8<u>3</u>6

300	30	3

㉑ 49<u>7</u>

700	70	7

㉗ 87<u>5</u>

500	50	5

㉒ <u>5</u>37

500	50	5

㉘ <u>9</u>26

900	90	9

계산 Plus+

세 자리 수

○ ☐ 안에 알맞은 수를 써넣으세요.

1 100이 3개
10이 7개 ─ 이면 ☐
1이 4개

2 100이 2개
10이 5개 ─ 이면 ☐
1이 8개

3 100이 9개
10이 6개 ─ 이면 ☐
1이 1개

4 100이 1개
10이 0개 ─ 이면 ☐
1이 0개

5 493은
100이 ☐ 개
10이 ☐ 개
1이 ☐ 개

6 652는
100이 ☐ 개
10이 ☐ 개
1이 ☐ 개

7 807은
100이 ☐ 개
10이 ☐ 개
1이 ☐ 개

○ 빈칸에 빨간색 숫자가 나타내는 값을 써넣으세요.

8 　639 　☐

14 　451 　☐

9 　394 　☐

15 　827 　☐

10 　418 　☐

16 　275 　☐

11 　965 　☐

17 　836 　☐

12 　187 　☐

18 　548 　☐

13 　702 　☐

19 　653 　☐

○ 관계있는 것끼리 선으로 이어 보세요.

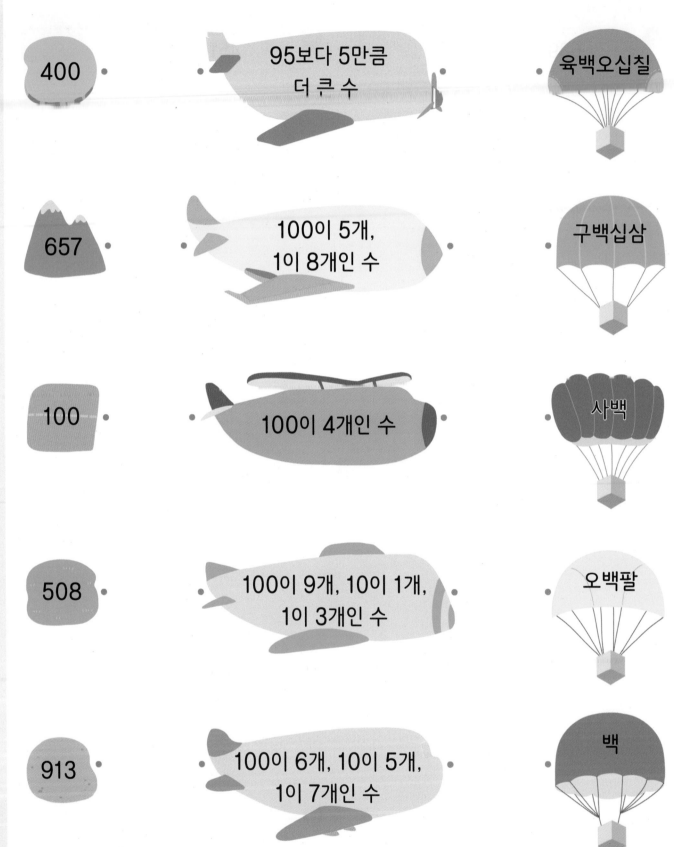

400

657

100

508

913

95보다 5만큼 더 큰 수

100이 5개, 1이 8개인 수

100이 4개인 수

100이 9개, 10이 1개, 1이 3개인 수

100이 6개, 10이 5개, 1이 7개인 수

육백오십칠

구백십삼

사백

오백팔

백

○ 설명에 해당하는 수를 찾아 나타내는 색으로 색칠해 보세요.

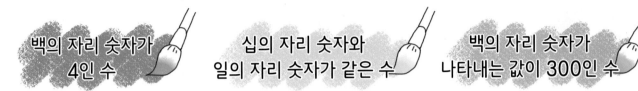

백의 자리 숫자가
4인 수

십의 자리 숫자와
일의 자리 숫자가 같은 수

백의 자리 숫자가
나타내는 값이 300인 수

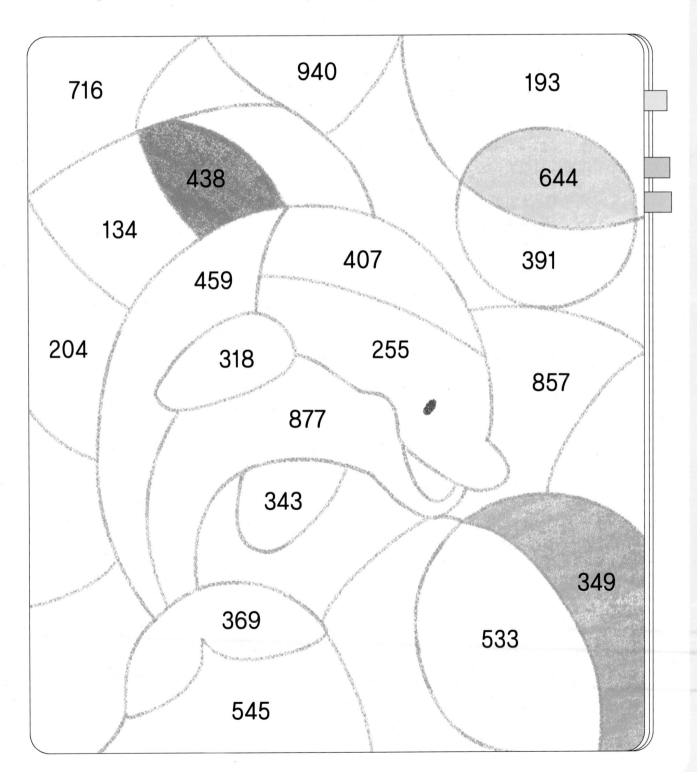

뛰어서 세기

● **뛰어서 세기**

- **100씩 뛰어서 세기**: 백의 자리 수가 **1**씩 커집니다.
  100-200-300-400-500-600-700-800-900

- **10씩 뛰어서 세기**: 십의 자리 수가 **1**씩 커집니다.
  910-920-930-940-950-960-970-980-990

- **1씩 뛰어서 세기**: 일의 자리 수가 **1**씩 커집니다.
  991-992-993-994-995-996-997-998-999

● **천**

999보다 1만큼 더 큰 수 ➡ 쓰기 1000　읽기 천

○ **100씩 뛰어서 세어 보세요.**

1

| 300 | 400 | 500 | 600 | | |

2
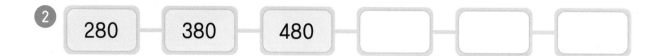

| 280 | 380 | 480 | | | |

3

| 145 | 245 | | 445 | | |

4

| 364 | | 564 | | | |

○ 10씩 뛰어서 세어 보세요.

⑤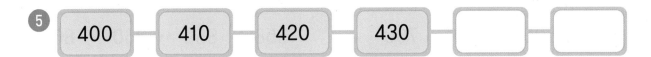
400 — 410 — 420 — 430 — □ — □

⑥
520 — 530 — □ — 550 — □ — □

⑦
348 — □ — 368 — □ — □ — 398

⑧
170 — 180 — □ — □ — □ — □

○ 1씩 뛰어서 세어 보세요.

⑨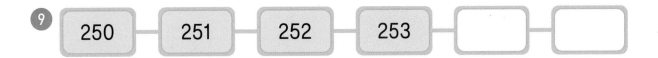
250 — 251 — 252 — 253 — □ — □

⑩
463 — 464 — □ — 466 — □ — □

⑪
598 — 599 — □ — □ — 602 — □

⑫
995 — □ — 997 — □ — □ — □

○ 몇씩 뛰어서 세었는지 구해 보세요.

13. | 400 | 500 | 600 | 700 |

⇨ (   )씩

14. | 620 | 630 | 640 | 650 |

⇨ (   )씩

15. | 345 | 346 | 347 | 348 |

⇨ (   )씩

16. | 284 | 294 | 304 | 314 |

⇨ (   )씩

17. | 163 | 263 | 363 | 463 |

⇨ (   )씩

18. | 858 | 859 | 860 | 861 |

⇨ (   )씩

19. | 742 | 752 | 762 | 772 |

⇨ (   )씩

20. | 608 | 708 | 808 | 908 |

⇨ (   )씩

21. | 469 | 479 | 489 | 499 |

⇨ (   )씩

22. | 997 | 998 | 999 | 1000 |

⇨ (   )씩

○ 뛰어서 세는 규칙을 찾아 빈칸에 알맞은 수를 써넣으세요.

㉓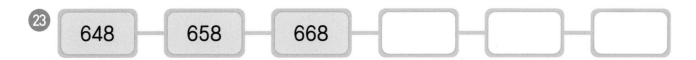
648 — 658 — 668 — ☐ — ☐ — ☐

㉔
300 — 301 — ☐ — ☐ — ☐ — 305

㉕
170 — 270 — ☐ — ☐ — 570 — ☐

㉖
486 — 496 — ☐ — 516 — ☐ — ☐

㉗
995 — ☐ — 997 — 998 — ☐ — ☐

㉘
395 — ☐ — ☐ — 695 — 795 — ☐

㉙
190 — ☐ — ☐ — 220 — ☐ — 240

두 수의 크기 비교

- 백의 자리 수가 다르면 백의 자리 수가 큰 수가 더 큽니다.

  189 < 234

  1<2

- 백의 자리 수가 같으면 십의 자리 수가 큰 수가 더 큽니다.

  375 > 349

  7>4

- 백의 자리 수와 십의 자리 수가 각각 같으면 일의 자리 수가 큰 수가 더 큽니다.

  426 < 428

  6<8

◉ 빈칸에 알맞은 숫자를 써넣고, 두 수의 크기를 비교하여 ◯ 안에 > 또는 <를 알맞게 써넣으세요.

1

	백의 자리	십의 자리	일의 자리
249	2	4	9
183			

249 ◯ 183

3

	백의 자리	십의 자리	일의 자리
384	3	8	4
356			

384 ◯ 356

2

	백의 자리	십의 자리	일의 자리
751	7	5	1
820			

751 ◯ 820

4

	백의 자리	십의 자리	일의 자리
648	6	4	8
645			

648 ◯ 645

⑤

	백의 자리	십의 자리	일의 자리
315			
209			

315 〇 209

⑥

	백의 자리	십의 자리	일의 자리
476			
524			

476 〇 524

⑦

	백의 자리	십의 자리	일의 자리
627			
739			

627 〇 739

⑧

	백의 자리	십의 자리	일의 자리
960			
874			

960 〇 874

⑨

	백의 자리	십의 자리	일의 자리
235			
243			

235 〇 243

⑩

	백의 자리	십의 자리	일의 자리
582			
579			

582 〇 579

⑪

	백의 자리	십의 자리	일의 자리
754			
755			

754 〇 755

⑫

	백의 자리	십의 자리	일의 자리
837			
832			

837 〇 832

◎ 더 큰 수에 ◯표 하세요.

13
417   380

14
286   287

15
591   563

16
743   742

17
835   900

18
473   465

19
176   178

◎ 더 작은 수에 △표 하세요.

20
354   358

21
621   634

22
803   749

23
274   273

24
522   525

25
443   389

26
528   530

○ 두 수의 크기를 비교하여 ◯ 안에 > 또는 <를 알맞게 써넣으세요.

㉗ 435 ◯ 356

㉘ 756 ◯ 760

㉙ 844 ◯ 843

㉚ 382 ◯ 328

㉛ 566 ◯ 624

㉜ 315 ◯ 334

㉝ 728 ◯ 725

㉞ 574 ◯ 546

㉟ 286 ◯ 288

㊱ 500 ◯ 497

㊲ 628 ◯ 704

㊳ 243 ◯ 249

㊴ 812 ◯ 677

㊵ 466 ◯ 483

㊶ 327 ◯ 324

㊷ 619 ◯ 620

㊸ 163 ◯ 162

㊹ 774 ◯ 599

㊺ 607 ◯ 613

㊻ 575 ◯ 571

㊼ 931 ◯ 960

세 수의 크기 비교

152, 239, 145의 크기 비교

❶ 백의 자리를 한꺼번에 비교합니다.

152   239   145
1<2

→ 가장 큰 수는 **239**입니다.

❷ 남은 두 수를 '십 → 일'의 자리 순서대로 비교합니다.

152   145
5>4

→ 가장 작은 수는 **145**입니다.

○ 빈칸에 알맞은 숫자를 써넣고, 가장 큰 수를 찾아 써 보세요.

①

	백의 자리	십의 자리	일의 자리
238	2	3	8
386			
415			

(   )

③

	백의 자리	십의 자리	일의 자리
165	1	6	5
239			
173			

(   )

②

	백의 자리	십의 자리	일의 자리
567	5	6	7
821			
745			

(   )

④

	백의 자리	십의 자리	일의 자리
472	4	7	2
584			
569			

(   )

○ 빈칸에 알맞은 숫자를 써넣고, 가장 작은 수를 찾아 써 보세요.

5

	백의 자리	십의 자리	일의 자리
564	5	6	4
372			
438			

(　　　　　　　　　　)

8

	백의 자리	십의 자리	일의 자리
482	4	8	2
479			
518			

(　　　　　　　　　　)

6

	백의 자리	십의 자리	일의 자리
715	7	1	5
620			
593			

(　　　　　　　　　　)

9

	백의 자리	십의 자리	일의 자리
742	7	4	2
706			
750			

(　　　　　　　　　　)

7

	백의 자리	십의 자리	일의 자리
847	8	4	7
926			
760			

(　　　　　　　　　　)

10

	백의 자리	십의 자리	일의 자리
953	9	5	3
935			
933			

(　　　　　　　　　　)

● 가장 큰 수를 찾아 ◯표 하세요.

11   400   300   500

18   169   273   312

12   543   602   528

19   754   673   749

13   704   582   649

20   569   600   496

14   356   354   358

21   116   108   121

15   874   915   923

22   275   434   431

16   623   620   621

23   943   950   947

17   546   368   527

24   872   868   875

○ 가장 작은 수를 찾아 △표 하세요.

25 800　　700　　900

32 547　　536　　561

26 247　　424　　442

33 329　　503　　472

27 109　　107　　101

34 845　　837　　923

28 734　　632　　646

35 695　　693　　690

29 280　　132　　391

36 548　　632　　703

30 384　　343　　325

37 342　　267　　272

31 436　　615　　490

38 956　　965　　953

계산 Plus+

뛰어서 세기, 수의 크기 비교

○ 주어진 수만큼 거꾸로 뛰어서 세어 보세요.

1 | 100씩 → | 820 | 720 | 620 | | | |

2 | 10씩 → | 390 | 380 | | | 350 | |

3 | 1씩 → | 347 | 346 | | | | 342 |

4 | 100씩 → | 736 | | 536 | 436 | | |

5 | 1씩 → | 643 | | | 640 | | 638 |

6 | 10씩 → | 583 | | | | 543 | 533 |

○ 가장 큰 수에 ○표, 가장 작은 수에 △표 하세요.

7

465　　328

524

11

638

683

635

8

749

765　　478

12

218

453

483

9

835

675

354

13

926　858

874

10

362

349

415

14

644

652

648

○ 토끼가 당근을 먹으러 가려고 합니다. 토끼가 주어진 수만큼 뛰어서 세어 갈 때,
지나가는 수를 순서대로 연결해 보세요.

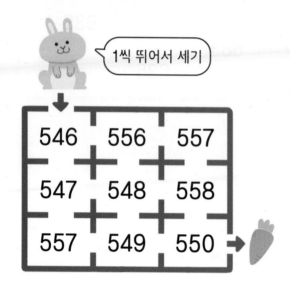

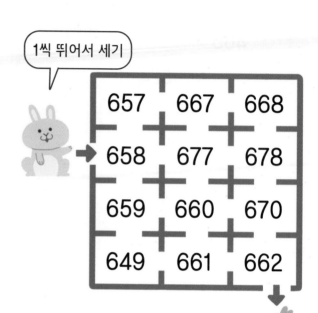

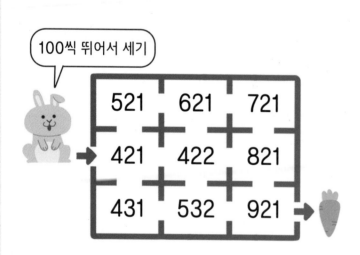

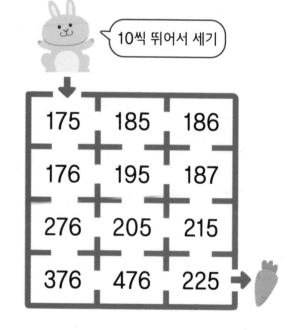

◎ 더 큰 수를 따라가면 윤서가 받을 생일 선물을 알 수 있습니다.
윤서가 받을 생일 선물에 ◯표 하세요.

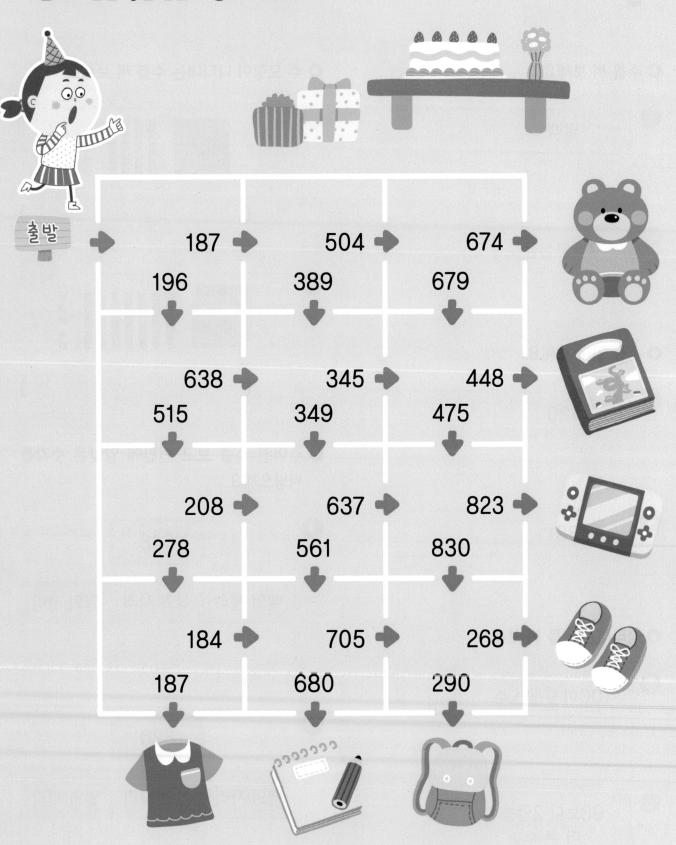

세 자리 수 평가

○ 수를 써 보세요.

1 팔백

2 구백오십삼

○ 수를 읽어 보세요.

3 720

4 381

○ 나타내는 수를 써 보세요.

5 100이 9개인 수 ⇨

6 98보다 2만큼 더 큰 수 ⇨

○ 수 모형이 나타내는 수를 써 보세요.

7

( )

8

( )

○ 주어진 수를 보고 빈칸에 알맞은 숫자를 써넣으세요.

9 548

백의 자리	십의 자리	일의 자리

10 826

백의 자리	십의 자리	일의 자리

○ 빈칸에 밑줄 친 숫자가 나타내는 값을 써 넣으세요.

⑪ 742

⑫ 693

○ 뛰어서 세는 규칙을 찾아 빈칸에 알맞은 수를 써넣으세요.

⑬
662	672	682

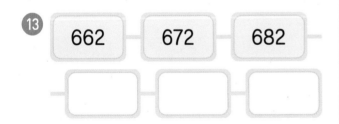

⑭ 264 464
564

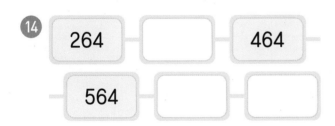

⑮ 728
732 733

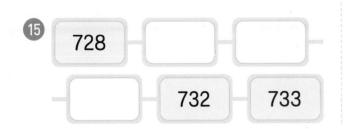

○ 두 수의 크기를 비교하여 ◯ 안에 > 또는 <를 알맞게 써넣으세요.

⑯ 284 ◯ 428

⑰ 765 ◯ 770

⑱ 557 ◯ 554

○ 가장 큰 수에 ◯표, 가장 작은 수에 △표 하세요.

⑲
483   519
436

⑳
751
747
743

2 덧셈

두 자리 수의 범위에서
받아올림이 있는 덧셈 훈련이 중요한

 일의 자리에서 받아올림이 있는 (두 자리 수) + (한 자리 수)

● 15+8의 계산

일의 자리 수끼리의 합이 10이거나 10보다 크면 십의 자리로 받아올림하여
십의 자리 수와 더합니다.

받아올림한 수는 ——— 1
십의 자리 위에
작게 씁니다.

$$
\begin{array}{r}
1 \\
1\ 5 \\
+\ \ \ 8 \\
\hline
3
\end{array}
\rightarrow
\begin{array}{r}
1 \\
1\ 5 \\
+\ \ \ 8 \\
\hline
2\ 3
\end{array}
$$

5+8=13   1+1=2

○ 계산해 보세요.

①
$$
\begin{array}{r}
1\ 2 \\
+\ \ \ 9 \\
\hline
\end{array}
$$

③
$$
\begin{array}{r}
3\ 5 \\
+\ \ \ 7 \\
\hline
\end{array}
$$

⑤
$$
\begin{array}{r}
5\ 6 \\
+\ \ \ 5 \\
\hline
\end{array}
$$

②
$$
\begin{array}{r}
2\ 4 \\
+\ \ \ 8 \\
\hline
\end{array}
$$

④
$$
\begin{array}{r}
4\ 7 \\
+\ \ \ 6 \\
\hline
\end{array}
$$

⑥
$$
\begin{array}{r}
7\ 9 \\
+\ \ \ 4 \\
\hline
\end{array}
$$

⑦
```
    1 3
  +   7
  ─────
```

⑬
```
    3 7
  +   5
  ─────
```

⑲
```
    6 5
  +   7
  ─────
```

⑧
```
    1 8
  +   3
  ─────
```

⑭
```
    4 4
  +   9
  ─────
```

⑳
```
    6 8
  +   4
  ─────
```

⑨
```
    2 3
  +   9
  ─────
```

⑮
```
    4 8
  +   6
  ─────
```

㉑
```
    7 3
  +   8
  ─────
```

⑩
```
    2 6
  +   8
  ─────
```

⑯
```
    5 5
  +   9
  ─────
```

㉒
```
    7 6
  +   6
  ─────
```

⑪
```
    2 9
  +   6
  ─────
```

⑰
```
    5 7
  +   4
  ─────
```

㉓
```
    8 5
  +   5
  ─────
```

⑫
```
    3 6
  +   4
  ─────
```

⑱
```
    6 2
  +   8
  ─────
```

㉔
```
    8 7
  +   6
  ─────
```

○ 계산해 보세요.

㉕ 16＋8＝

각 자리를
맞추어 쓴 후
세로로 계산해요.

	1	6
＋		8

㉖ 17＋9＝

㉗ 25＋7＝

㉘ 27＋4＝

㉙ 38＋9＝

㉚ 46＋5＝

㉛ 54＋6＝

㉜ 59＋4＝

㉝ 63＋7＝

㉞ 75＋8＝

㉟ 79＋3＝

㊱ 84＋8＝

㊲ 15+7=

㊳ 19+3=

㊴ 26+5=

㊵ 28+4=

㊶ 29+1=

㊷ 32+8=

㊸ 35+6=

㊹ 37+9=

㊺ 45+8=

㊻ 46+4=

㊼ 49+2=

㊽ 53+9=

㊾ 54+7=

㊿ 58+3=

(51) 64+6=

(52) 65+9=

(53) 73+7=

(54) 78+4=

(55) 84+9=

(56) 86+5=

(57) 88+8=

11 일의 자리에서 받아올림이 있는 (두 자리 수)＋(두 자리 수)

26＋17의 계산

일의 자리 수끼리의 합이 10이거나 10보다 크면 십의 자리로 받아올림하여 십의 자리 수와 더합니다.

$$
\begin{array}{r}
{}^{1} \\
2\ 6 \\
+\ 1\ 7 \\
\hline
3
\end{array}
\quad\rightarrow\quad
\begin{array}{r}
{}^{1} \\
2\ 6 \\
+\ 1\ 7 \\
\hline
4\ 3
\end{array}
$$

$6+7=13$ 　　　 $1+2+1=4$

계산해 보세요.

1

$$
\begin{array}{r}
1\ 3 \\
+\ 1\ 8 \\
\hline
\end{array}
$$

3

$$
\begin{array}{r}
3\ 2 \\
+\ 1\ 8 \\
\hline
\end{array}
$$

5

$$
\begin{array}{r}
5\ 6 \\
+\ 3\ 5 \\
\hline
\end{array}
$$

2

$$
\begin{array}{r}
2\ 4 \\
+\ 4\ 9 \\
\hline
\end{array}
$$

4

$$
\begin{array}{r}
4\ 4 \\
+\ 2\ 7 \\
\hline
\end{array}
$$

6

$$
\begin{array}{r}
6\ 7 \\
+\ 1\ 3 \\
\hline
\end{array}
$$

⑦
```
    1 4
+   1 7
---------
```

⑬
```
    3 5
+   2 5
---------
```

⑲
```
    5 6
+   2 7
---------
```

⑧
```
    1 8
+   2 6
---------
```

⑭
```
    3 7
+   4 9
---------
```

⑳
```
    5 9
+   3 6
---------
```

⑨
```
    1 9
+   4 3
---------
```

⑮
```
    4 3
+   1 7
---------
```

㉑
```
    6 5
+   1 6
---------
```

⑩
```
    2 3
+   2 8
---------
```

⑯
```
    4 5
+   3 9
---------
```

㉒
```
    6 9
+   2 8
---------
```

⑪
```
    2 6
+   3 6
---------
```

⑰
```
    4 7
+   4 6
---------
```

㉓
```
    7 5
+   1 7
---------
```

⑫
```
    2 9
+   5 1
---------
```

⑱
```
    5 3
+   1 8
---------
```

㉔
```
    7 8
+   1 4
---------
```

○ 계산해 보세요.

㉕ 14＋39＝

㉙ 34＋36＝

㉝ 59＋17＝

㉖ 16＋27＝

㉚ 37＋55＝

㉞ 64＋18＝

㉗ 25＋65＝

㉛ 46＋26＝

㉟ 67＋24＝

㉘ 28＋47＝

㉜ 51＋39＝

㊱ 76＋18＝

㊲ 12+59=

㊳ 15+37=

㊴ 18+54=

㊵ 19+48=

㊶ 23+69=

㊷ 26+47=

㊸ 28+59=

㊹ 35+26=

㊺ 37+54=

㊻ 39+48=

㊼ 44+37=

㊽ 46+49=

㊾ 48+28=

㊿ 52+29=

(51) 55+36=

(52) 57+28=

(53) 63+17=

(54) 67+27=

(55) 68+23=

(56) 76+15=

(57) 79+17=

12 계산 Plus+

(두 자리 수) + (한 자리 수), (두 자리 수) + (두 자리 수)(1)

○ 빈칸에 알맞은 수를 써넣으세요.

1
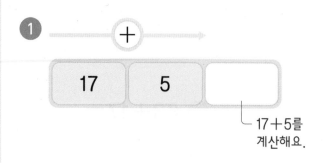

| 17 | 5 | |

└ 17+5를 계산해요.

2

| 26 | 7 | |

3

| 42 | 9 | |

4

| 76 | 4 | |

5
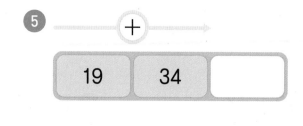

| 19 | 34 | |

6
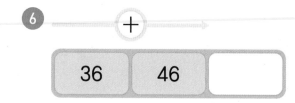

| 36 | 46 | |

7
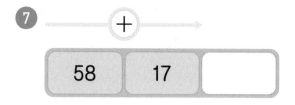

| 58 | 17 | |

8
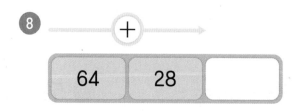

| 64 | 28 | |

9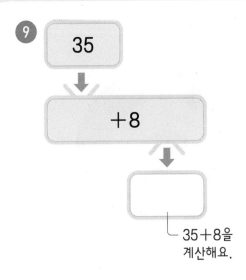

35

+8

35+8을
계산해요.

10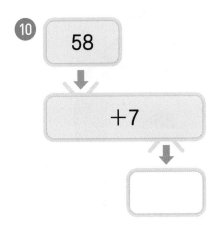

58

+7

11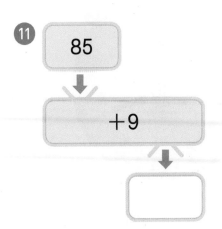

85

+9

12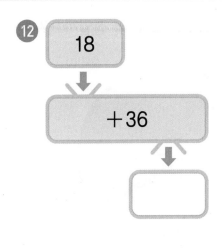

18

+36

13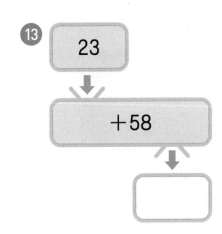

23

+58

14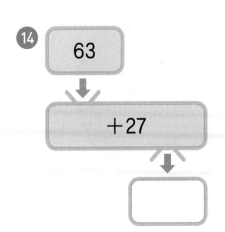

63

+27

● 과녁에 맞힌 점수는 모두 몇 점일까요?

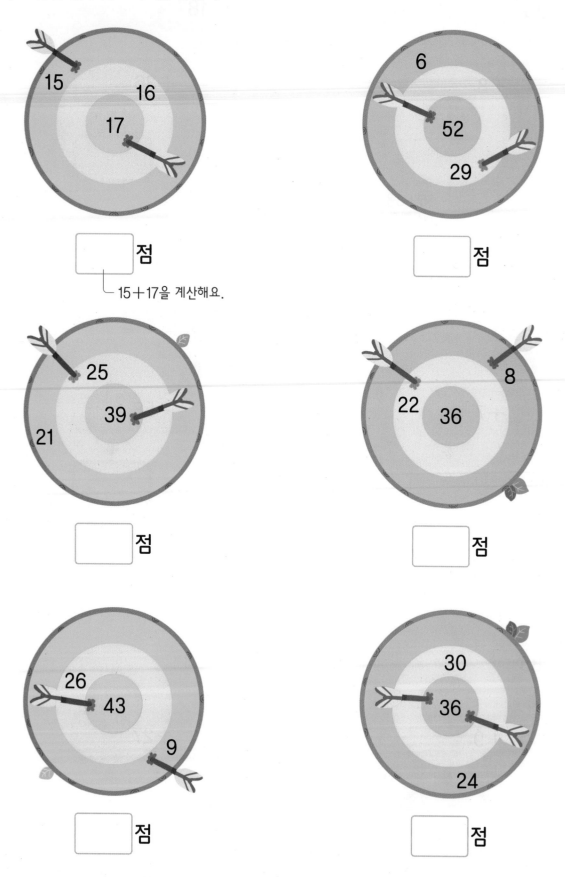

15 16
17

□ 점
└ 15＋17을 계산해요.

6
52
29

□ 점

25
39
21

□ 점

8
22 36

□ 점

26
43
9

□ 점

30
36
24

□ 점

○ 영우는 계산 결과가 바르게 적힌 통에 들어 있는 재료만 골라 피자를 만드는 데 사용하려고 합니다. 영우가 사용할 수 있는 재료를 모두 찾아 ○표 하세요.

출발

27＋5＝31

39＋12＝51

68＋24＝82

68＋3＝71

46＋15＝51

72＋8＝80

25＋49＝75

18＋37＝55

도착

13 십의 자리에서 받아올림이 있는 (두 자리 수)＋(두 자리 수)

● 75＋43의 계산

십의 자리 수끼리의 합이 10이거나 10보다 크면 백의 자리로 받아올림합니다.

$$
\begin{array}{r} 7\ 5 \\ +\ 4\ 3 \\ \hline 8 \end{array}
\qquad\rightarrow\qquad
\begin{array}{r} {}^{1}\quad\ \\ 7\ 5 \\ +\ 4\ 3 \\ \hline 1\ 1\ 8 \end{array}
$$

5＋3＝8   7＋4＝11

○ 계산해 보세요.

1

$$
\begin{array}{r} 1\ 4 \\ +\ 9\ 3 \\ \hline \end{array}
$$

3

$$
\begin{array}{r} 4\ 3 \\ +\ 6\ 5 \\ \hline \end{array}
$$

5

$$
\begin{array}{r} 8\ 6 \\ +\ 7\ 3 \\ \hline \end{array}
$$

2

$$
\begin{array}{r} 3\ 2 \\ +\ 9\ 4 \\ \hline \end{array}
$$

4

$$
\begin{array}{r} 6\ 3 \\ +\ 8\ 2 \\ \hline \end{array}
$$

6

$$
\begin{array}{r} 9\ 7 \\ +\ 5\ 2 \\ \hline \end{array}
$$

⑦
```
    1 2
+   9 6
─────────
```

⑬
```
    4 7
+   8 1
─────────
```

⑲
```
    7 7
+   5 2
─────────
```

⑧
```
    2 5
+   8 2
─────────
```

⑭
```
    5 3
+   8 4
─────────
```

⑳
```
    8 1
+   6 8
─────────
```

⑨
```
    2 6
+   9 1
─────────
```

⑮
```
    5 5
+   6 4
─────────
```

㉑
```
    8 3
+   9 3
─────────
```

⑩
```
    3 4
+   8 3
─────────
```

⑯
```
    6 6
+   9 2
─────────
```

㉒
```
    8 5
+   7 1
─────────
```

⑪
```
    3 6
+   9 3
─────────
```

⑰
```
    6 8
+   7 1
─────────
```

㉓
```
    9 3
+   7 6
─────────
```

⑫
```
    4 2
+   7 5
─────────
```

⑱
```
    7 4
+   8 4
─────────
```

㉔
```
    9 5
+   6 3
─────────
```

○ 계산해 보세요.

㉕ 15＋92＝

㉙ 52＋57＝

㉝ 83＋35＝

㉖ 24＋95＝

㉚ 64＋93＝

㉞ 87＋52＝

㉗ 37＋71＝

㉛ 65＋41＝

㉟ 94＋82＝

㉘ 41＋94＝

㉜ 73＋64＝

㊱ 98＋41＝

㊲ 17+92=

㊳ 21+87=

㊴ 23+94=

㊵ 33+85=

㊶ 35+74=

㊷ 44+73=

㊸ 45+82=

㊹ 51+75=

㊺ 57+91=

㊻ 62+56=

㊼ 64+62=

㊽ 66+73=

㊾ 71+54=

㊿ 76+92=

(51) 78+61=

(52) 82+42=

(53) 84+75=

(54) 86+91=

(55) 91+13=

(56) 92+84=

(57) 93+42=

14 받아올림이 두 번 있는 (두 자리 수)＋(두 자리 수)

● 67＋58의 계산

각 자리 수끼리의 합이 10이거나 10보다 크면 바로 윗자리로 받아올림합니다.

$$
\begin{array}{r}
\overset{1}{}\ \ \\
6\ 7 \\
+\ 5\ 8 \\
\hline
5
\end{array}
\quad \rightarrow \quad
\begin{array}{r}
\overset{1}{}\ \overset{1}{} \\
6\ 7 \\
+\ 5\ 8 \\
\hline
1\ 2\ 5
\end{array}
$$

7＋8＝15   1＋6＋5＝12

○ 계산해 보세요.

1
$$
\begin{array}{r}
1\ 5 \\
+\ 8\ 6 \\
\hline
\end{array}
$$

3
$$
\begin{array}{r}
4\ 9 \\
+\ 7\ 2 \\
\hline
\end{array}
$$

5
$$
\begin{array}{r}
7\ 4 \\
+\ 5\ 7 \\
\hline
\end{array}
$$

2
$$
\begin{array}{r}
2\ 6 \\
+\ 9\ 7 \\
\hline
\end{array}
$$

4
$$
\begin{array}{r}
5\ 8 \\
+\ 8\ 5 \\
\hline
\end{array}
$$

6
$$
\begin{array}{r}
8\ 6 \\
+\ 6\ 9 \\
\hline
\end{array}
$$

⑦
```
    1 2
+   9 8
────────
```

⑧
```
    2 7
+   7 4
────────
```

⑨
```
    2 9
+   8 7
────────
```

⑩
```
    3 5
+   9 5
────────
```

⑪
```
    3 8
+   8 9
────────
```

⑫
```
    4 5
+   6 7
────────
```

⑬
```
    4 8
+   8 5
────────
```

⑭
```
    5 4
+   9 9
────────
```

⑮
```
    5 6
+   6 4
────────
```

⑯
```
    6 5
+   8 8
────────
```

⑰
```
    6 9
+   5 1
────────
```

⑱
```
    7 3
+   7 8
────────
```

⑲
```
    7 9
+   8 4
────────
```

⑳
```
    8 3
+   6 9
────────
```

㉑
```
    8 7
+   9 5
────────
```

㉒
```
    8 9
+   3 6
────────
```

㉓
```
    9 4
+   7 7
────────
```

㉔
```
    9 8
+   5 8
────────
```

○ 계산해 보세요.

㉕ 17+93=

㉙ 54+56=

㉝ 82+58=

㉖ 26+86=

㉚ 59+92=

㉞ 88+67=

㉗ 38+84=

㉛ 66+48=

㉟ 93+79=

㉘ 47+78=

㉜ 75+59=

㊱ 97+54=

㊲ 16+85=

㊳ 25+98=

㊴ 29+75=

㊵ 34+86=

㊶ 37+97=

㊷ 44+68=

㊸ 49+93=

㊹ 53+67=

㊺ 57+85=

㊻ 63+78=

㊼ 68+83=

㊽ 69+67=

㊾ 75+47=

㊿ 78+96=

(51) 79+89=

(52) 82+39=

(53) 85+45=

(54) 87+78=

(55) 94+49=

(56) 96+67=

(57) 99+28=

15 여러 가지 방법으로 덧셈하기(1)

○ 여러 가지 방법으로 **18+45** 계산하기

방법① 십의 자리끼리, 일의 자리끼리 더하기

$$18 + 45$$

❶ 10+40=50

❷ 8+5=13

❸ 50+13=63

방법② 한 수를 몇십과 몇으로 가르기 한 후 더하기

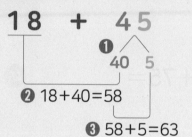

❶ 40   5

❷ 18+40=58

❸ 58+5=63

○ 여러 가지 방법으로 덧셈을 해 보세요.

❶

$$29 + 37$$

20+30=

9+7=

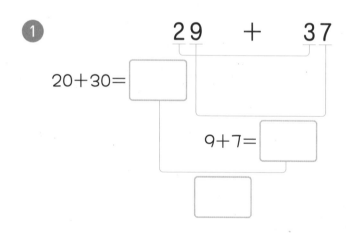

$$29 + 37$$

30

29+30=

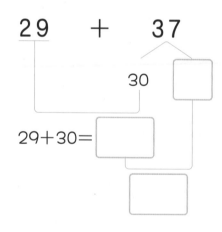

❷

$$36 + 48$$

30+40=

6+8=

$$36 + 48$$

40

36+40=

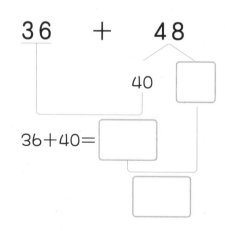

③ $17 + 26 = 10 + 7 + \boxed{} + 6$

$\quad = 10 + \boxed{} + 7 + 6$

$\quad = \boxed{} + 13 = \boxed{}$

$17 + 26 = 17 + \boxed{} + 6$

$\quad = \boxed{} + 6$

$\quad = \boxed{}$

④ $45 + 38 = 40 + \boxed{} + 30 + 8$

$\quad = 40 + 30 + \boxed{} + 8$

$\quad = 70 + \boxed{} = \boxed{}$

$45 + 38 = 45 + \boxed{} + 8$

$\quad = \boxed{} + 8$

$\quad = \boxed{}$

⑤ $58 + 14 = 50 + \boxed{} + 10 + 4$

$\quad = \boxed{} + 10 + 8 + 4$

$\quad = \boxed{} + 12 = \boxed{}$

$58 + 14 = 58 + \boxed{} + 4$

$\quad = \boxed{} + 4$

$\quad = \boxed{}$

⑥ $64 + 29 = 60 + 4 + 20 + \boxed{}$

$\quad = 60 + 20 + 4 + \boxed{}$

$\quad = 80 + \boxed{} = \boxed{}$

$64 + 29 = 64 + \boxed{} + 9$

$\quad = \boxed{} + 9$

$\quad = \boxed{}$

○ 여러 가지 방법으로 덧셈을 해 보세요.

7

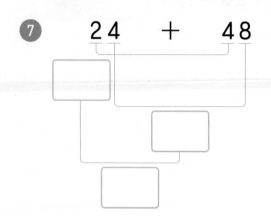

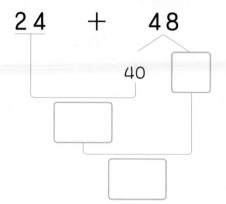

8

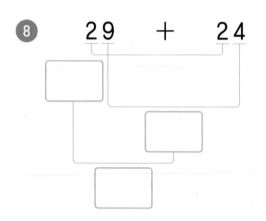

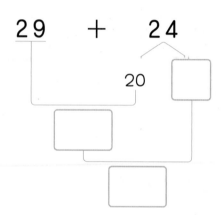

9

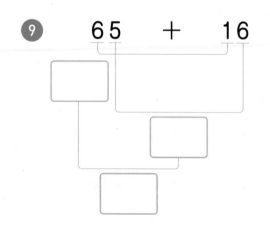

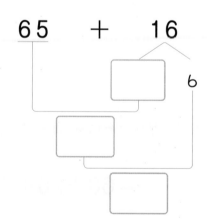

⑩ $19+46=10+9+\boxed{}+6$

$=10+\boxed{}+9+6$

$=\boxed{}+15=\boxed{}$

$19+46=19+\boxed{}+6$

$=\boxed{}+6$

$=\boxed{}$

⑪ $27+59=20+\boxed{}+50+9$

$=20+50+\boxed{}+9$

$=70+\boxed{}=\boxed{}$

$27+59=27+\boxed{}+9$

$=\boxed{}+9$

$=\boxed{}$

⑫ $48+25=\boxed{}+8+20+5$

$=\boxed{}+20+8+5$

$=\boxed{}+13=\boxed{}$

$48+25=48+\boxed{}+5$

$=\boxed{}+5$

$=\boxed{}$

⑬ $56+37=50+6+30+\boxed{}$

$=50+30+6+\boxed{}$

$=80+\boxed{}=\boxed{}$

$56+37=56+\boxed{}+7$

$=\boxed{}+7$

$=\boxed{}$

16 여러 가지 방법으로 덧셈하기(2)

● 여러 가지 방법으로 **14+28** 계산하기

방법 ① 몇십에 가까운 수를 몇십으로 만들어 더하기

$$14 + 28$$

❶ 12 2
❷ 2+28=30
❸ 12+30=42

방법 ② 몇십에 가까운 수를 (몇십)−(몇)으로 만들어 더하기

$$14 + 28$$

❶ 30−2
❷ 14+30=44
❸ 44−2=42

○ 여러 가지 방법으로 덧셈을 해 보세요.

❶ 15 + 39

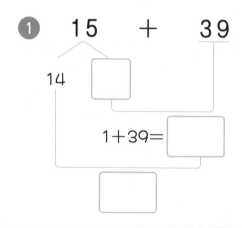

14
1+39=

15 + 39

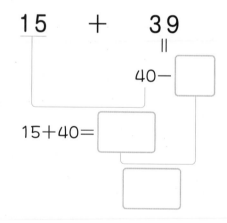

40−
15+40=

❷ 54 + 27

51
3+27=

54 + 27

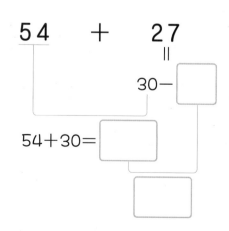

30−
54+30=

3 $16+29=$ $15+$ ☐ $+29$

$=15+$ ☐

$=$ ☐

$16+29=16+30-$ ☐

$=46-$ ☐

$=$ ☐

4 $27+18=$ $25+$ ☐ $+18$

$=25+$ ☐

$=$ ☐

$27+18=27+20-$ ☐

$=47-$ ☐

$=$ ☐

5 $34+47=$ $31+$ ☐ $+47$

$=31+$ ☐

$=$ ☐

$34+47=34+50-$ ☐

$=84-$ ☐

$=$ ☐

6 $45+26=$ $41+$ ☐ $+26$

$=41+$ ☐

$=$ ☐

$45+26=45+30-$ ☐

$=75-$ ☐

$=$ ☐

○ 여러 가지 방법으로 덧셈을 해 보세요.

7

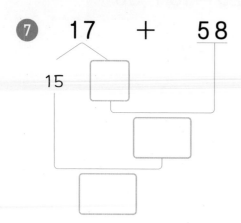

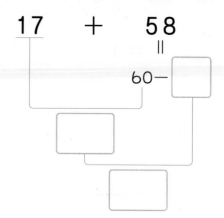

8

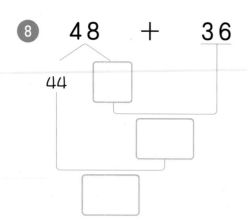

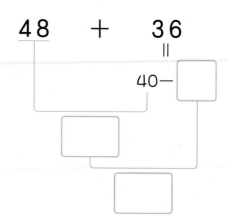

9

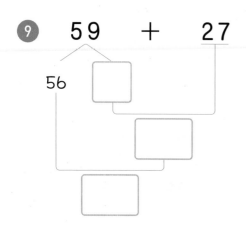

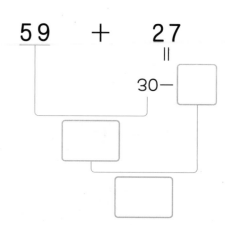

⑩ $23+49=22+\boxed{}+49$

$=22+\boxed{}$

$=\boxed{}$

$23+49=23+50-\boxed{}$

$=73-\boxed{}$

$=\boxed{}$

⑪ $36+37=33+\boxed{}+37$

$=33+\boxed{}$

$=\boxed{}$

$36+37=36+40-\boxed{}$

$=76-\boxed{}$

$=\boxed{}$

⑫ $44+38=42+\boxed{}+38$

$=42+\boxed{}$

$=\boxed{}$

$44+38=44+40-\boxed{}$

$=84-\boxed{}$

$=\boxed{}$

⑬ $65+16=61+\boxed{}+16$

$=61+\boxed{}$

$=\boxed{}$

$65+16=65+\boxed{}-4$

$=\boxed{}-4$

$=\boxed{}$

17 계산 Plus+

(두 자리 수) + (두 자리 수) (2)

○ 빈칸에 알맞은 수를 써넣으세요.

1

+92

37 ☐

└ 37+92를
계산해요.

2

+81

64 ☐

3

+43

75 ☐

4

+64

93 ☐

5
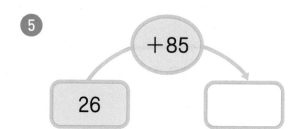

6
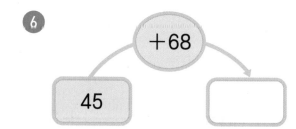

7
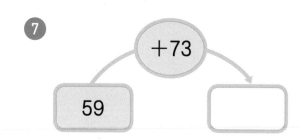

8
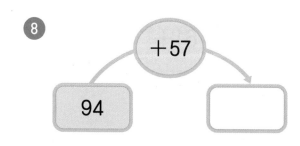

9 　12 → +95 →

> 12+95를
> 계산해요.

10　25 → +84 →

11　51 → +76 →

12　66 → +52 →

13　83 → +45 →

14　39 → +78 →

15　47 → +63 →

16　56 → +59 →

17　84 → +97 →

18　98 → +36 →

덧셈 미끄럼틀을 탈 때 나오는 계산 결과를 ☐ 안에 써넣으세요.

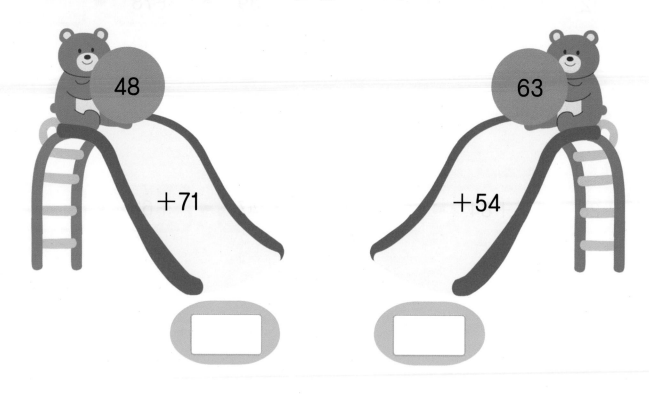

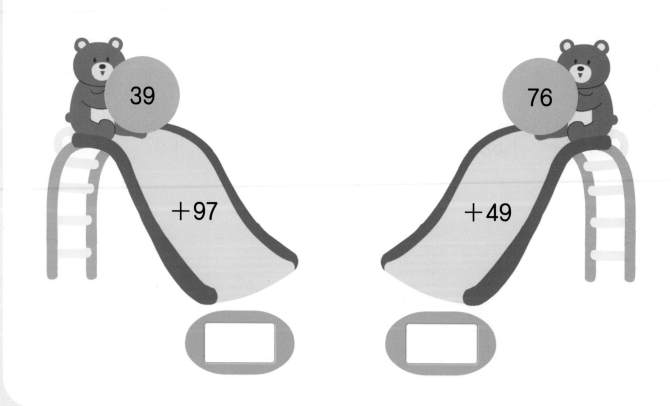

덧셈을 하여 표에서 합이 나타내는 색으로 물방울을 색칠해 보세요.

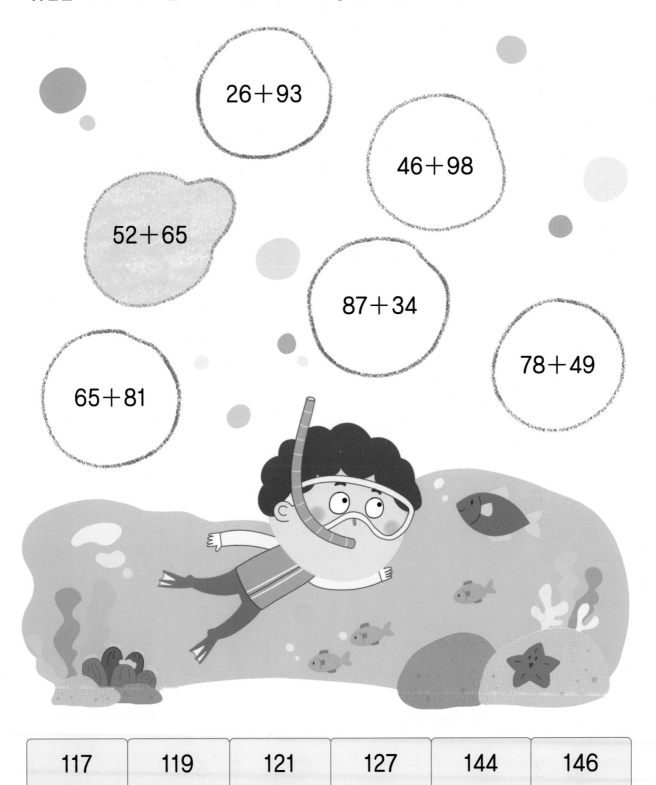

117	119	121	127	144	146

18 덧셈 평가

○ 계산해 보세요.

1)
```
    1 7
+     8
─────────
```

2)
```
    4 6
+     6
─────────
```

3)
```
    2 7
+   3 8
─────────
```

4)
```
    5 6
+   2 7
─────────
```

5)
```
    6 3
+   1 8
─────────
```

6)
```
    5 3
+   9 2
─────────
```

7)
```
    6 3
+   7 4
─────────
```

8)
```
    4 8
+   6 4
─────────
```

9)
```
    7 9
+   5 6
─────────
```

10)
```
    9 5
+   3 8
─────────
```

⑪ 39＋8＝

⑫ 47＋36＝

⑬ 42＋83＝

⑭ 61＋57＝

⑮ 59＋48＝

⑯ 84＋67＝

○ 빈칸에 알맞은 수를 써넣으세요.

⑰
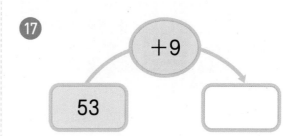

⑱
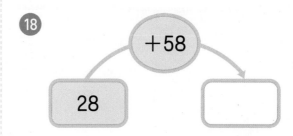

⑲
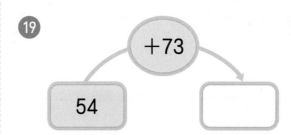

⑳
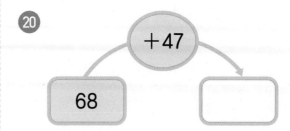

3 빽셈

두 자리 수의 범위에서
받아내림이 있는 빽셈 훈련이 중요한

받아내림이 있는
(두 자리 수)-(한 자리 수)

● **23-6의 계산**

일의 자리 수끼리 뺄 수 없으면 십의 자리에서 10을 받아내림하여 계산합니다.

받아내림하고 남은 수 —1 10

$$
\begin{array}{r}
\cancel{2}\,3 \\
-\ \ 6 \\
\hline
7
\end{array}
\quad\rightarrow\quad
\begin{array}{r}
\cancel{2}\,3 \\
-\ \ 6 \\
\hline
1\,7
\end{array}
$$

10+3-6=7   2-1=1

○ 계산해 보세요.

①
$$
\begin{array}{r}
2\ 4 \\
-\ \ 8 \\
\hline
\end{array}
$$

③
$$
\begin{array}{r}
4\ 2 \\
-\ \ 7 \\
\hline
\end{array}
$$

⑤
$$
\begin{array}{r}
7\ 5 \\
-\ \ 6 \\
\hline
\end{array}
$$

②
$$
\begin{array}{r}
3\ 7 \\
-\ \ 9 \\
\hline
\end{array}
$$

④
$$
\begin{array}{r}
6\ 1 \\
-\ \ 4 \\
\hline
\end{array}
$$

⑥
$$
\begin{array}{r}
9\ 3 \\
-\ \ 5 \\
\hline
\end{array}
$$

⑦
```
  2 1
-   5
-----
```

⑬
```
  4 1
-   6
-----
```

⑲
```
  7 4
-   5
-----
```

⑧
```
  2 4
-   7
-----
```

⑭
```
  4 5
-   7
-----
```

⑳
```
  7 6
-   9
-----
```

⑨
```
  2 8
-   9
-----
```

⑮
```
  5 2
-   9
-----
```

㉑
```
  8 1
-   7
-----
```

⑩
```
  3 2
-   4
-----
```

⑯
```
  5 5
-   7
-----
```

㉒
```
  8 6
-   8
-----
```

⑪
```
  3 3
-   6
-----
```

⑰
```
  6 1
-   2
-----
```

㉓
```
  9 2
-   3
-----
```

⑫
```
  3 5
-   8
-----
```

⑱
```
  6 7
-   8
-----
```

㉔
```
  9 4
-   6
-----
```

○ 계산해 보세요.

㉕ 25−9＝

각 자리를
맞추어 쓴 후
세로로 계산해요.

	2	5
−		9

㉙ 43−5＝

㉝ 73−6＝

㉖ 26−8＝

㉚ 51−8＝

㉞ 82−4＝

㉗ 31−7＝

㉛ 58−9＝

㉟ 87−8＝

㉘ 34−6＝

㉜ 62−7＝

㊱ 96−7＝

㊲ 22−3=

㊳ 25−6=

㊴ 31−9=

㊵ 33−7=

㊶ 34−5=

㊷ 41−2=

㊸ 44−6=

㊹ 47−8=

㊺ 52−6=

㊻ 53−4=

㊼ 56−9=

㊽ 63−8=

㊾ 66−7=

㊿ 68−9=

(51) 71−5=

(52) 75−7=

(53) 77−9=

(54) 82−5=

(55) 84−9=

(56) 91−4=

(57) 95−8=

20 받아내림이 있는 (몇십)−(몇십몇)

40−28의 계산

일의 자리 수끼리 뺄 수 없으면 십의 자리에서 10을 받아내림하여 계산합니다.

$$10+0-8=2$$ → $$4-1-2=1$$

○ 계산해 보세요.

1

```
    2 0
  − 1 5
```

3

```
    5 0
  − 3 8
```

5

```
    7 0
  − 5 9
```

2

```
    4 0
  − 2 4
```

4

```
    6 0
  − 1 7
```

6

```
    8 0
  − 4 3
```

⑦
```
    2 0
  - 1 4
```

⑬
```
    5 0
  - 4 2
```

⑲
```
    7 0
  - 4 5
```

⑧
```
    3 0
  - 2 1
```

⑭
```
    6 0
  - 2 9
```

⑳
```
    8 0
  - 3 6
```

⑨
```
    4 0
  - 1 7
```

⑮
```
    6 0
  - 3 8
```

㉑
```
    8 0
  - 5 2
```

⑩
```
    4 0
  - 2 6
```

⑯
```
    6 0
  - 4 1
```

㉒
```
    9 0
  - 1 3
```

⑪
```
    5 0
  - 2 3
```

⑰
```
    7 0
  - 1 4
```

㉓
```
    9 0
  - 4 9
```

⑫
```
    5 0
  - 3 5
```

⑱
```
    7 0
  - 2 7
```

㉔
```
    9 0
  - 6 8
```

○ 계산해 보세요.

㉕ 20－12＝

㉙ 60－26＝

㉝ 80－24＝

㉖ 30－19＝

㉚ 60－42＝

㉞ 80－67＝

㉗ 40－35＝

㉛ 70－31＝

㉟ 90－31＝

㉘ 50－17＝

㉜ 70－53＝

㊱ 90－75＝

㊲ $20-17=$

㊳ $30-12=$

㊴ $30-25=$

㊵ $40-19=$

㊶ $40-33=$

㊷ $50-16=$

㊸ $50-21=$

㊹ $50-39=$

㊺ $60-15=$

㊻ $60-23=$

㊼ $60-34=$

㊽ $70-18=$

㊾ $70-26=$

㊿ $70-55=$

(51) $80-18=$

(52) $80-31=$

(53) $80-65=$

(54) $90-16=$

(55) $90-27=$

(56) $90-54=$

(57) $90-72=$

21 계산 Plus+

(두 자리 수)−(한 자리 수), (몇십)−(몇십몇)

○ 빈칸에 알맞은 수를 써넣으세요.

1
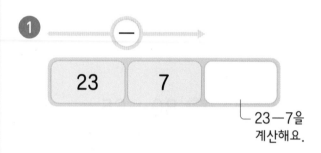

| 23 | 7 | |

└ 23−7을 계산해요.

2
| 42 | 5 | |

3
| 76 | 8 | |

4
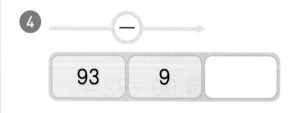

| 93 | 9 | |

5
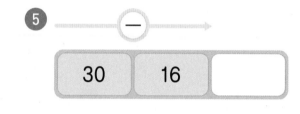

| 30 | 16 | |

6
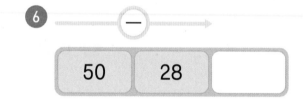

| 50 | 28 | |

7
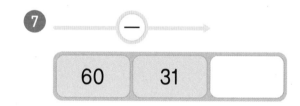

| 60 | 31 | |

8
| 80 | 27 | |

9
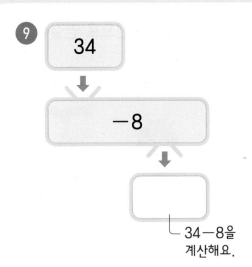

34

−8

34−8을
계산해요.

12
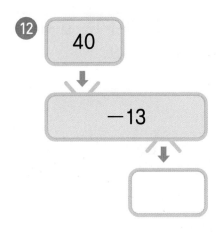

40

−13

10
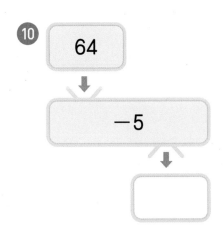

64

−5

13
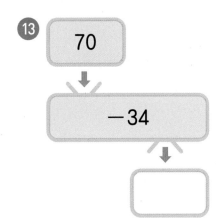

70

−34

11
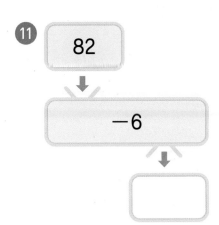

82

−6

14
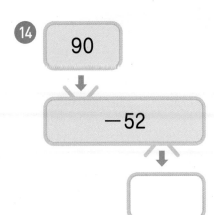

90

−52

○ 공룡 위의 수와 공룡이 지나가는 알 위의 수의 차가 화산 위의 수가 되도록 선으로 연결하고,
빽셈식으로 나타내어 보세요.

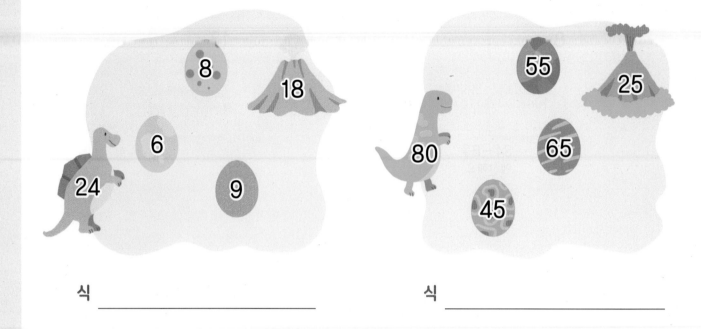

식 _____

식 _____

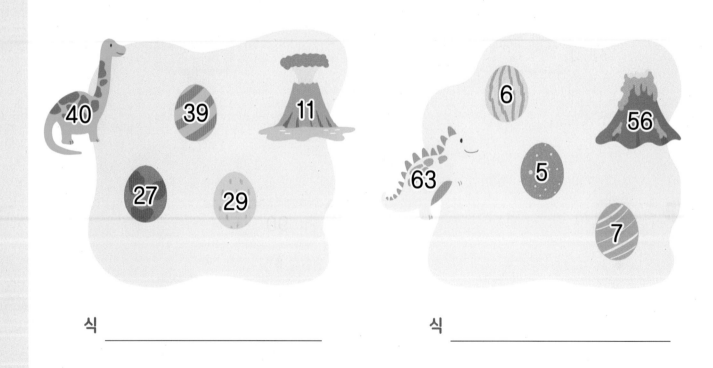

식 _____

식 _____

◯ 하늘에 열기구가 떠 있습니다. 열기구의 계산 결과에 해당하는 글자를
빈칸에 알맞게 써넣어 보세요.

13	24	38	68	88

받아내림이 있는 (두 자리 수) − (두 자리 수)

● **53−26의 계산**

일의 자리 수끼리 뺄 수 없으면 십의 자리에서 10을 받아내림하여 계산합니다.

$$
\begin{array}{r}
\overset{4}{\cancel{5}}\ \overset{10}{3} \\
-\ 2\ 6 \\
\hline
7
\end{array}
\quad\rightarrow\quad
\begin{array}{r}
\overset{4}{\cancel{5}}\ \overset{10}{3} \\
-\ 2\ 6 \\
\hline
2\ 7
\end{array}
$$

10+3−6=7　　5−1−2=2

○ 계산해 보세요.

①
$$
\begin{array}{r}
3\ 5 \\
-\ 1\ 9 \\
\hline
\end{array}
$$

③
$$
\begin{array}{r}
5\ 6 \\
-\ 2\ 8 \\
\hline
\end{array}
$$

⑤
$$
\begin{array}{r}
7\ 3 \\
-\ 3\ 7 \\
\hline
\end{array}
$$

②
$$
\begin{array}{r}
4\ 1 \\
-\ 2\ 5 \\
\hline
\end{array}
$$

④
$$
\begin{array}{r}
6\ 4 \\
-\ 4\ 6 \\
\hline
\end{array}
$$

⑥
$$
\begin{array}{r}
8\ 2 \\
-\ 5\ 3 \\
\hline
\end{array}
$$

⑦
```
    2 5
  - 1 7
  ─────
```

⑧
```
    3 2
  - 1 5
  ─────
```

⑨
```
    4 3
  - 2 8
  ─────
```

⑩
```
    4 6
  - 1 9
  ─────
```

⑪
```
    5 1
  - 3 6
  ─────
```

⑫
```
    5 4
  - 2 9
  ─────
```

⑬
```
    6 1
  - 3 7
  ─────
```

⑭
```
    6 3
  - 1 4
  ─────
```

⑮
```
    6 5
  - 4 8
  ─────
```

⑯
```
    7 2
  - 5 6
  ─────
```

⑰
```
    7 4
  - 4 5
  ─────
```

⑱
```
    7 8
  - 3 9
  ─────
```

⑲
```
    8 1
  - 3 4
  ─────
```

⑳
```
    8 4
  - 2 7
  ─────
```

㉑
```
    8 6
  - 6 8
  ─────
```

㉒
```
    9 2
  - 3 7
  ─────
```

㉓
```
    9 5
  - 2 6
  ─────
```

㉔
```
    9 7
  - 4 9
  ─────
```

○ 계산해 보세요.

㉕ 24－18＝

㉙ 62－24＝

㉝ 83－16＝

㉖ 33－25＝

㉚ 65－39＝

㉞ 86－57＝

㉗ 44－16＝

㉛ 71－43＝

㉟ 91－39＝

㉘ 51－22＝

㉜ 77－58＝

㊱ 92－53＝

㊲ $26-19=$

㊳ $31-18=$

㊴ $34-26=$

㊵ $42-17=$

㊶ $43-29=$

㊷ $52-38=$

㊸ $56-17=$

㊹ $57-39=$

㊺ $63-58=$

㊻ $64-37=$

㊼ $66-28=$

㊽ $71-46=$

㊾ $72-29=$

㊿ $73-54=$

(51) $82-15=$

(52) $83-37=$

(53) $87-68=$

(54) $91-74=$

(55) $93-46=$

(56) $95-18=$

(57) $98-29=$

23 여러 가지 방법으로 빨셈하기(I)

여러 가지 방법으로 40-18 계산하기

| 방법 1 | 빼는 수를 몇십과 몇으로 가르기 한 후 빼기 |

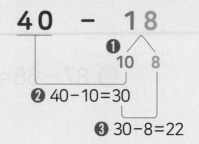

40 - 18

❶ 10 8
❷ 40-10=30
❸ 30-8=22

| 방법 2 | 받아내림이 없도록 만들어 빼기 |

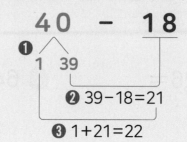

40 - 18

❶ 1 39
❷ 39-18=21
❸ 1+21=22

○ 여러 가지 방법으로 빨셈을 해 보세요.

❶ 30 - 17

10

30-10=

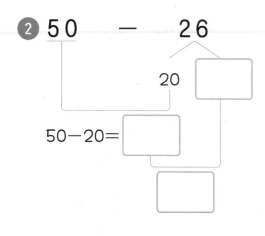

30 - 17

1

29-17=

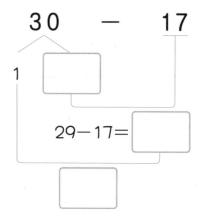

❷ 50 - 26

20

50-20=

50 - 26

1

49-26=

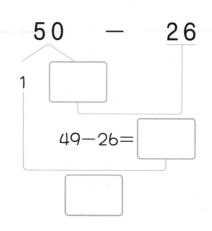

3 $40-24=40-20-\boxed{}$

$=20-\boxed{}=\boxed{}$

$40-24=1+\boxed{}-24$

$=1+\boxed{}=\boxed{}$

4 $60-38=60-30-\boxed{}$

$=30-\boxed{}=\boxed{}$

$60-38=1+\boxed{}-38$

$=1+\boxed{}=\boxed{}$

5 $70-41=70-40-\boxed{}$

$=30-\boxed{}=\boxed{}$

$70-41=1+\boxed{}-41$

$=1+\boxed{}=\boxed{}$

6 $80-35=80-\boxed{}-5$

$=\boxed{}-5=\boxed{}$

$80-35=1+\boxed{}-35$

$=1+\boxed{}=\boxed{}$

7 $90-52=90-\boxed{}-2$

$=\boxed{}-2=\boxed{}$

$90-52=1+\boxed{}-52$

$=1+\boxed{}=\boxed{}$

○ 여러 가지 방법으로 뺄셈을 해 보세요.

8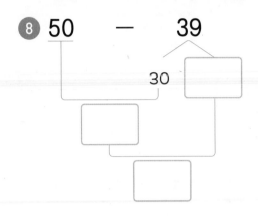

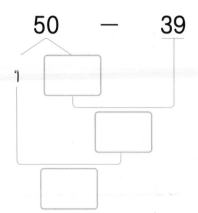

9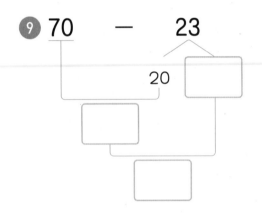

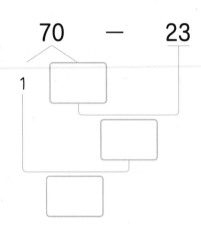

10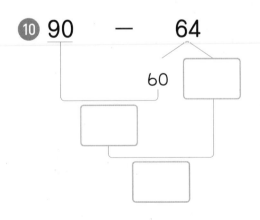

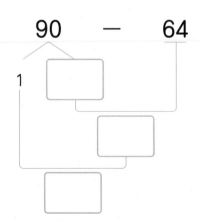

⓫ $40 - 19 = 40 - 10 - \boxed{}$

$ = 30 - \boxed{} = \boxed{}$

$40 - 19 = 1 + \boxed{} - 19$

$ = 1 + \boxed{} = \boxed{}$

⓬ $60 - 26 = 60 - 20 - \boxed{}$

$ = 40 - \boxed{} = \boxed{}$

$60 - 26 = 1 + \boxed{} - 26$

$ = 1 + \boxed{} = \boxed{}$

⓭ $70 - 32 = 70 - 30 - \boxed{}$

$ = 40 - \boxed{} = \boxed{}$

$70 - 32 = 1 + \boxed{} - 32$

$ = 1 + \boxed{} = \boxed{}$

⓮ $80 - 57 = 80 - \boxed{} - 7$

$ = \boxed{} - 7 = \boxed{}$

$80 - 57 = 1 + \boxed{} - 57$

$ = 1 + \boxed{} = \boxed{}$

⓯ $90 - 48 = 90 - \boxed{} - 8$

$ = \boxed{} - 8 = \boxed{}$

$90 - 48 = 1 + \boxed{} - 48$

$ = 1 + \boxed{} = \boxed{}$

24 여러 가지 방법으로 뺄셈하기(2)

● 여러 가지 방법으로 **34−16** 계산하기

방법 ① 빼지는 수를 몇과 몇십으로 가르기 한 후 빼기

$$3\,4 \quad - \quad 1\,6$$

❶ 4　30

❷ 30−16=14

❸ 4+14=18

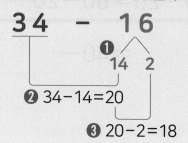

방법 ② 두 수의 일의 자리 수를 같게 만들어 빼기

$$3\,4 \quad - \quad 1\,6$$

❶ 14　2

❷ 34−14=20

❸ 20−2=18

○ 여러 가지 방법으로 뺄셈을 해 보세요.

①
$$43 \quad - \quad 18$$

3

$$40-18=\boxed{}$$

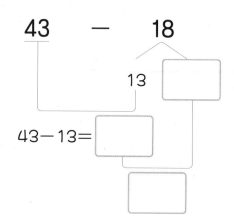

$$43 \quad - \quad 18$$

13

$$43-13=\boxed{}$$

②
$$56 \quad - \quad 19$$

6

$$50-19=\boxed{}$$

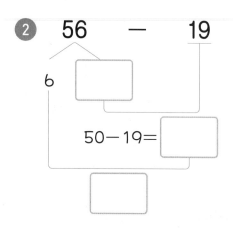

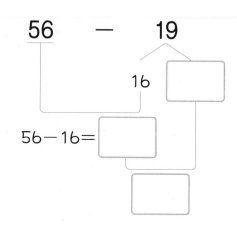

$$56 \quad - \quad 19$$

16

$$56-16=\boxed{}$$

③ $35-17=5+\boxed{}-17$

$\quad\quad\quad=5+\boxed{}=\boxed{}$

$35-17=35-15-\boxed{}$

$\quad\quad\quad=20-\boxed{}=\boxed{}$

④ $62-35=2+\boxed{}-35$

$\quad\quad\quad=2+\boxed{}=\boxed{}$

$62-35=62-32-\boxed{}$

$\quad\quad\quad=30-\boxed{}=\boxed{}$

⑤ $74-18=4+\boxed{}-18$

$\quad\quad\quad=4+\boxed{}=\boxed{}$

$74-18=74-14-\boxed{}$

$\quad\quad\quad=60-\boxed{}=\boxed{}$

⑥ $83-34=3+\boxed{}-34$

$\quad\quad\quad=3+\boxed{}=\boxed{}$

$83-34=83-\boxed{}-1$

$\quad\quad\quad=\boxed{}-1=\boxed{}$

⑦ $91-56=1+\boxed{}-56$

$\quad\quad\quad=1+\boxed{}=\boxed{}$

$91-56=91-\boxed{}-5$

$\quad\quad\quad=\boxed{}-5=\boxed{}$

◉ 여러 가지 방법으로 뺄셈을 해 보세요.

8 $65 - 26$

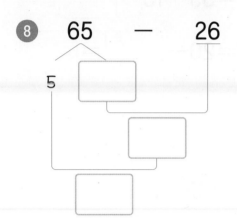

$65 - 26$

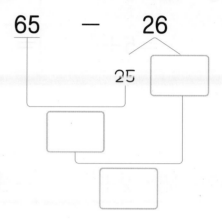

9 $72 - 38$

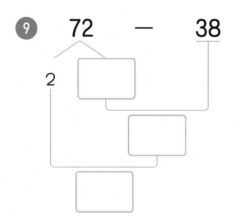

$72 - 38$

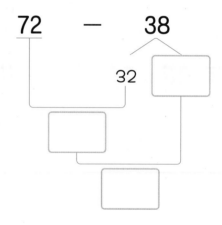

10 $93 - 47$

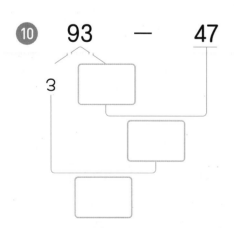

$93 - 47$

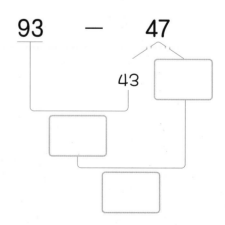

⑪ $31-14=1+\boxed{}-14$

$=1+\boxed{}=\boxed{}$

$31-14=31-11-\boxed{}$

$=20-\boxed{}=\boxed{}$

⑫ $52-36=2+\boxed{}-36$

$=2+\boxed{}=\boxed{}$

$52-36=52-32-\boxed{}$

$=20-\boxed{}=\boxed{}$

⑬ $63-29=3+\boxed{}-29$

$=3+\boxed{}=\boxed{}$

$63-29=63-23-\boxed{}$

$=40-\boxed{}=\boxed{}$

⑭ $84-45=4+\boxed{}-45$

$=4+\boxed{}=\boxed{}$

$84-45=84-\boxed{}-1$

$=\boxed{}-1=\boxed{}$

⑮ $96-68=6+\boxed{}-68$

$=6+\boxed{}=\boxed{}$

$96-68=96-\boxed{}-2$

$=\boxed{}-2=\boxed{}$

25 계산 Plus+

(두 자리 수) − (두 자리 수)

◯ 빈칸에 알맞은 수를 써넣으세요.

1

21 ─ −14 ─

└ 21−14를 계산해요.

2
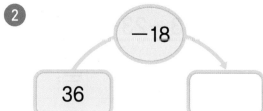

36 ─ −18 ─

3
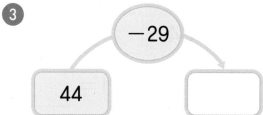

44 ─ −29 ─

4
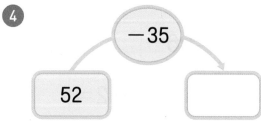

52 ─ −35 ─

5
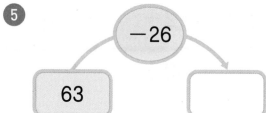

63 ─ −26 ─

6
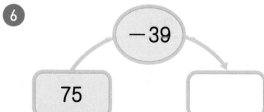

75 ─ −39 ─

7
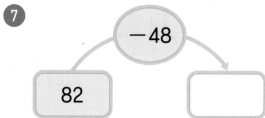

82 ─ −48 ─

8
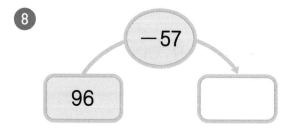

96 ─ −57 ─

9　22 ➡ −16 ➡ [　]
└ 22−16을
계산해요.

14　74 ➡ −25 ➡ [　]

10　33 ➡ −29 ➡ [　]

15　76 ➡ −59 ➡ [　]

11　51 ➡ −18 ➡ [　]

16　83 ➡ −47 ➡ [　]

12　62 ➡ −34 ➡ [　]

17　94 ➡ −79 ➡ [　]

13　65 ➡ −47 ➡ [　]

18　97 ➡ −68 ➡ [　]

○ 뺄셈을 하여 차가 나타내는 색으로 색칠해 보세요.

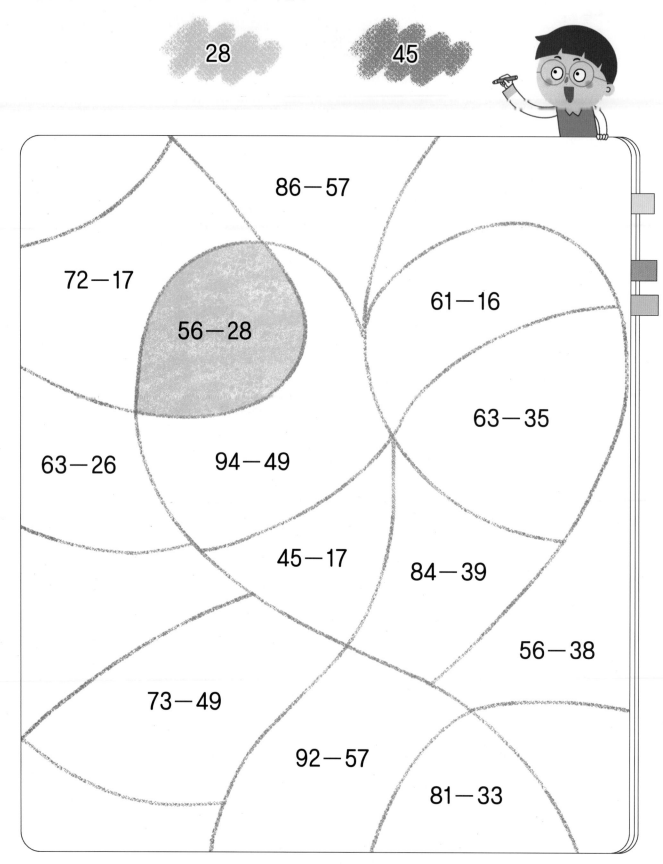

28

45

86－57

72－17

56－28

61－16

63－35

63－26

94－49

45－17

84－39

56－38

73－49

92－57

81－33

◎ 가로 열쇠와 세로 열쇠를 보고 퍼즐을 완성해 보세요.

가로 열쇠
❷ 75—28
❹ 82—36
❺ 64—28
❼ 92—39

세로 열쇠
❶ 53—19
❸ 91—17
❻ 83—18
❽ 67—28

덧셈과 뺄셈의 관계

◐ 덧셈식을 뺄셈식으로 나타내기

하나의 덧셈식을 2개의 뺄셈식으로
나타낼 수 있습니다.

14＋19＝33
→ 33－14＝19
→ 33－19＝14

◐ 뺄셈식을 덧셈식으로 나타내기

하나의 뺄셈식을 2개의 덧셈식으로
나타낼 수 있습니다.

35－18＝17
→ 17＋18＝35
→ 18＋17＝35

○ 덧셈식을 뺄셈식으로 나타내어 보세요.

1
16＋7＝23

→ 23－ ☐ ＝ ☐
→ 23－ ☐ ＝ ☐

3
37＋13＝50

→ 50－ ☐ ＝ ☐
→ 50－ ☐ ＝ ☐

2
24＋18＝42

→ 42－ ☐ ＝ ☐
→ 42－ ☐ ＝ ☐

4
45＋27＝72

→ 72－ ☐ ＝ ☐
→ 72－ ☐ ＝ ☐

5 　17＋5＝22

☐ － ☐ ＝ ☐
☐ － ☐ ＝ ☐

9 　53＋38＝91

☐ － ☐ ＝ ☐
☐ － ☐ ＝ ☐

6 　26＋18＝44

☐ － ☐ ＝ ☐
☐ － ☐ ＝ ☐

10 　58＋12＝70

☐ － ☐ ＝ ☐
☐ － ☐ ＝ ☐

7 　34＋26＝60

☐ － ☐ ＝ ☐
☐ － ☐ ＝ ☐

11 　69＋24＝93

☐ － ☐ ＝ ☐
☐ － ☐ ＝ ☐

8 　45＋9＝54

☐ － ☐ ＝ ☐
☐ － ☐ ＝ ☐

12 　78＋19＝97

☐ － ☐ ＝ ☐
☐ － ☐ ＝ ☐

○ 뺄셈식을 덧셈식으로 나타내어 보세요.

13 　23−14＝9

$\boxed{} + \boxed{} = 23$

$\boxed{} + \boxed{} = 23$

14 　25−8＝17

$\boxed{} + \boxed{} = 25$

$\boxed{} + \boxed{} = 25$

15 　30−17＝13

$\boxed{} + \boxed{} = 30$

$\boxed{} + \boxed{} = 30$

16 　46−28＝18

$\boxed{} + \boxed{} = 46$

$\boxed{} + \boxed{} = 46$

17 　53−7＝46

$\boxed{} + \boxed{} = 53$

$\boxed{} + \boxed{} = 53$

18 　60−21＝39

$\boxed{} + \boxed{} = 60$

$\boxed{} + \boxed{} = 60$

19 　74−49＝25

$\boxed{} + \boxed{} = 74$

$\boxed{} + \boxed{} = 74$

20 　92−54＝38

$\boxed{} + \boxed{} = 92$

$\boxed{} + \boxed{} = 92$

㉑ $24-8=16$

$$\boxed{}+\boxed{}=\boxed{}$$

$$\boxed{}+\boxed{}=\boxed{}$$

㉒ $37-19=18$

$$\boxed{}+\boxed{}=\boxed{}$$

$$\boxed{}+\boxed{}=\boxed{}$$

㉓ $40-32=8$

$$\boxed{}+\boxed{}=\boxed{}$$

$$\boxed{}+\boxed{}=\boxed{}$$

㉔ $51-15=36$

$$\boxed{}+\boxed{}=\boxed{}$$

$$\boxed{}+\boxed{}=\boxed{}$$

㉕ $62-29=33$

$$\boxed{}+\boxed{}=\boxed{}$$

$$\boxed{}+\boxed{}=\boxed{}$$

㉖ $70-43=27$

$$\boxed{}+\boxed{}=\boxed{}$$

$$\boxed{}+\boxed{}=\boxed{}$$

㉗ $83-66=17$

$$\boxed{}+\boxed{}=\boxed{}$$

$$\boxed{}+\boxed{}=\boxed{}$$

㉘ $97-38=59$

$$\boxed{}+\boxed{}=\boxed{}$$

$$\boxed{}+\boxed{}=\boxed{}$$

27 덧셈식에서 □의 값 구하기

| 원리 덧셈과 뺄셈의 관계 ▷ | 적용 덧셈식에서 □의 값 구하기 |

$$6+8=14$$
$$\rightarrow \begin{cases} 14-6=8 \\ 14-8=6 \end{cases}$$

$6+\square=14$

$14-6=\square$

$\rightarrow \square=8$

$\square+8=14$

$14-8=\square$

$\rightarrow \square=6$

○ □ 안에 알맞은 수를 써넣으세요.

① $5+\boxed{}=24$

$24-5=\boxed{}$

③ $35+\boxed{}=60$

$60-35=\boxed{}$

② $16+\boxed{}=23$

$23-16=\boxed{}$

④ $59+\boxed{}=71$

$71-59=\boxed{}$

⑤ $\boxed{} + 9 = 25$

$25 - 9 = \boxed{}$

⑨ $\boxed{} + 28 = 73$

$73 - 28 = \boxed{}$

⑥ $\boxed{} + 15 = 31$

$31 - 15 = \boxed{}$

⑩ $\boxed{} + 35 = 52$

$52 - 35 = \boxed{}$

⑦ $\boxed{} + 17 = 26$

$26 - 17 = \boxed{}$

⑪ $\boxed{} + 46 = 70$

$70 - 46 = \boxed{}$

⑧ $\boxed{} + 21 = 40$

$40 - 21 = \boxed{}$

⑫ $\boxed{} + 59 = 92$

$92 - 59 = \boxed{}$

○ ☐ 안에 알맞은 수를 써넣으세요.

13 9+☐=23

14 11+☐=20

15 18+☐=31

16 27+☐=64

17 29+☐=57

18 33+☐=50

19 36+☐=65

20 43+☐=81

21 47+☐=76

22 56+☐=90

23 58+☐=82

24 67+☐=85

㉕ $\boxed{}+7=22$

㉖ $\boxed{}+16=33$

㉗ $\boxed{}+18=42$

㉘ $\boxed{}+24=51$

㉙ $\boxed{}+33=52$

㉚ $\boxed{}+38=60$

㉛ $\boxed{}+47=75$

㉜ $\boxed{}+46=62$

㉝ $\boxed{}+55=73$

㉞ $\boxed{}+59=81$

㉟ $\boxed{}+69=88$

㊱ $\boxed{}+76=94$

28 뺄셈식에서 □의 값 구하기

원리 **덧셈과 뺄셈의 관계** ▷ 적용 **뺄셈식에서 □의 값 구하기**

$$13-6=7$$
$$→ \begin{cases} 7+6=13 \\ 6+7=13 \end{cases}$$

$$13-\square=7$$

$$7+\square=13$$

$$→ \square=13-7=6$$

$$\square-6=7$$

$$7+6=\square$$

$$→ \square=13$$

◉ □ 안에 알맞은 수를 써넣으세요.

❶ $22-\boxed{}=9$

$22-9=\boxed{}$

❸ $56-\boxed{}=38$

$56-38=\boxed{}$

❷ $43-\boxed{}=26$

$43-26=\boxed{}$

❹ $70-\boxed{}=46$

$70-46=\boxed{}$

5 ☐ − 15 = 8

8 + 15 = ☐

6 ☐ − 7 = 17

17 + 7 = ☐

7 ☐ − 18 = 14

14 + 18 = ☐

8 ☐ − 23 = 17

17 + 23 = ☐

9 ☐ − 14 = 27

27 + 14 = ☐

10 ☐ − 35 = 19

19 + 35 = ☐

11 ☐ − 36 = 25

25 + 36 = ☐

12 ☐ − 47 = 38

38 + 47 = ☐

○ ☐ 안에 알맞은 수를 써넣으세요.

⑬ 21 − ☐ = 12

⑭ 23 − ☐ = 5

⑮ 30 − ☐ = 13

⑯ 34 − ☐ = 26

⑰ 42 − ☐ = 17

⑱ 47 − ☐ = 19

⑲ 51 − ☐ = 36

⑳ 52 − ☐ = 28

㉑ 68 − ☐ = 29

㉒ 73 − ☐ = 57

㉓ 86 − ☐ − 39

㉔ 95 − ☐ = 46

25　$\boxed{} - 5 = 15$

26　$\boxed{} - 16 = 9$

27　$\boxed{} - 18 = 13$

28　$\boxed{} - 29 = 28$

29　$\boxed{} - 37 = 24$

30　$\boxed{} - 46 = 16$

31　$\boxed{} - 24 = 49$

32　$\boxed{} - 36 = 38$

33　$\boxed{} - 59 = 17$

34　$\boxed{} - 17 = 65$

35　$\boxed{} - 58 = 27$

36　$\boxed{} - 72 = 18$

29 계산 Plus+

덧셈식과 뺄셈식에서 □의 값 구하기

○ 수 카드를 사용하여 덧셈식과 뺄셈식을 만들어 보세요.

1

41 24
17

$24 + \boxed{} = \boxed{}$

$\boxed{} - 24 = \boxed{}$

$\boxed{} - \boxed{} = \boxed{}$

2

39 28
67

$39 + \boxed{} = \boxed{}$

$\boxed{} - 39 = \boxed{}$

$\boxed{} - \boxed{} = \boxed{}$

3

16 34
50

$\boxed{} - 16 = \boxed{}$

$\boxed{} + 16 = \boxed{}$

$\boxed{} + \boxed{} = \boxed{}$

4

44 73
29

$\boxed{} - 29 = \boxed{}$

$\boxed{} + 29 = \boxed{}$

$\boxed{} + \boxed{} = \boxed{}$

○ ☐ 안에 알맞은 수를 써넣으세요.

5

16+☐=44에서
☐의 값을 구해요.

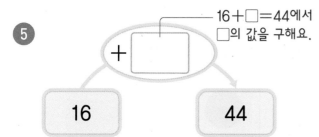

9

24−☐=15에서
☐의 값을 구해요.

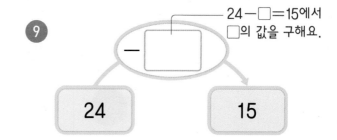

6

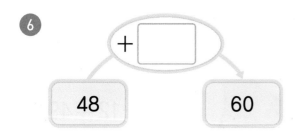

10

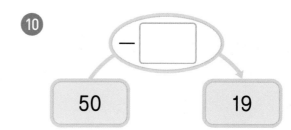

7

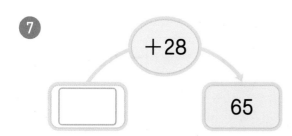

11

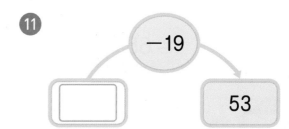

8

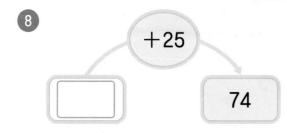

12

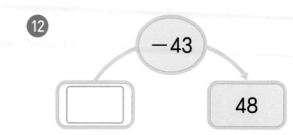

13	26	29	46	61	70

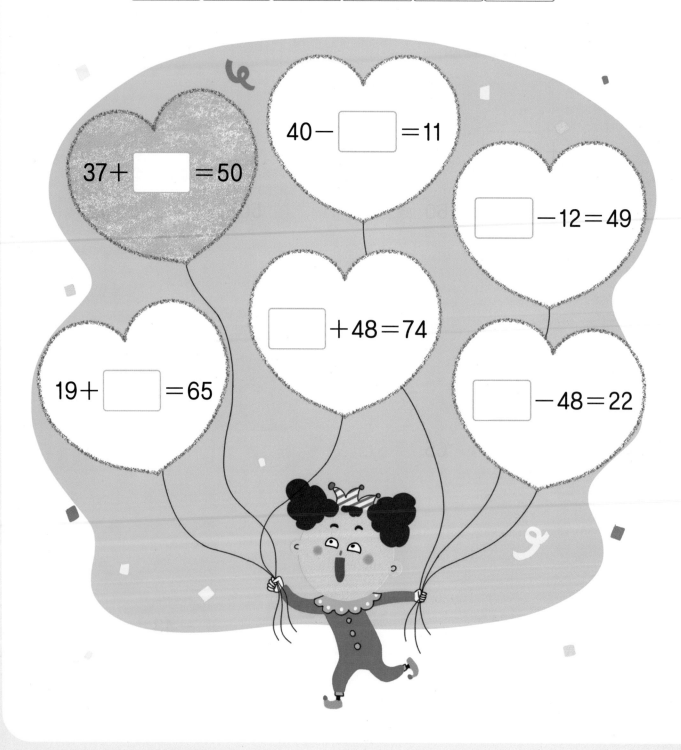

$37 + \boxed{} = 50$

$40 - \boxed{} = 11$

$\boxed{} - 12 = 49$

$\boxed{} + 48 = 74$

$19 + \boxed{} = 65$

$\boxed{} - 48 = 22$

○ 대관람차의 한가운데에 있는 수 92는 같은 색의 대관람차 칸에 적힌 두 수의 합입니다.
　□ 안에 알맞은 수를 써넣으세요.

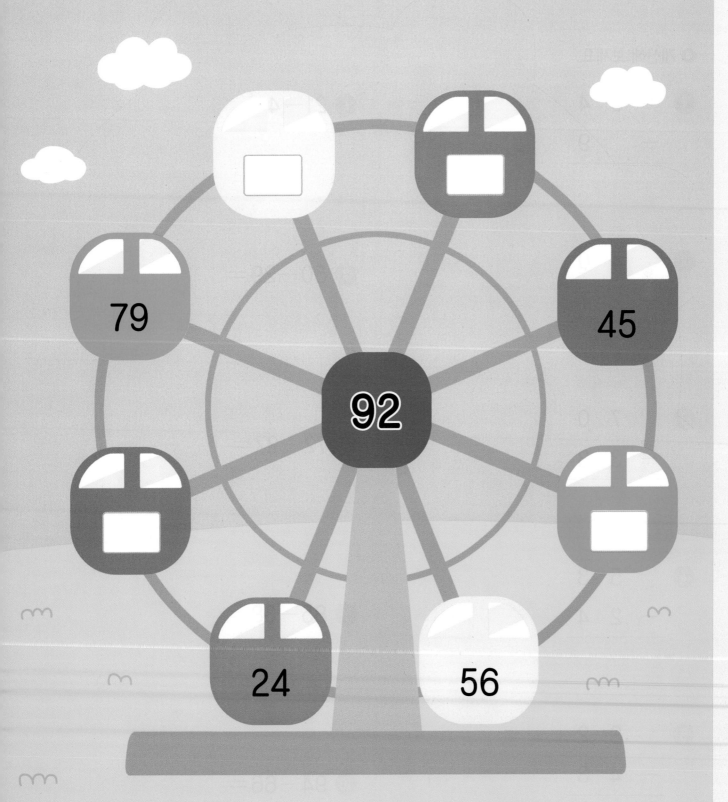

30 뺄셈 평가

○ 계산해 보세요.

①
```
   3 4
 −   9
```

②
```
   4 0
 − 2 7
```

③
```
   7 0
 − 3 8
```

④
```
   5 3
 − 2 4
```

⑤
```
   8 2
 − 4 3
```

⑥ $21-4=$

⑦ $50-29=$

⑧ $72-27=$

⑨ $85-38=$

⑩ $94-66=$

○ ☐ 안에 알맞은 수를 써넣으세요.

⑪ $16 +$ ☐ $= 43$

⑫ ☐ $+ 29 = 61$

⑬ $47 +$ ☐ $= 75$

⑭ $50 -$ ☐ $= 36$

⑮ $72 -$ ☐ $= 18$

⑯ ☐ $- 55 = 19$

○ 빈칸에 알맞은 수를 써넣으세요.

⑰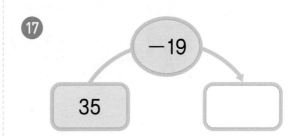

⑱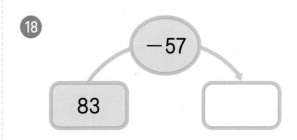

○ ☐ 안에 알맞은 수를 써넣으세요.

⑲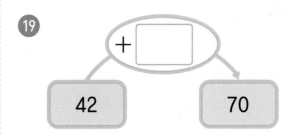

⑳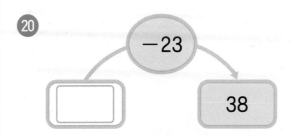

4 세 수의 덧셈과 뺄셈

세 수의 덧셈

● **15+9+8의 계산**

세 수의 덧셈은 두 수를 먼저 더한 다음 남은 한 수를 더합니다.

$$15+9+8=32 \qquad 15+9+8=32$$

❶ 24

❷ 32

❶ 17

❷ 32

> 세 수의 덧셈은 순서를 바꾸어 계산해도 계산 결과가 같습니다.

○ **계산해 보세요.**

❶ 18+7+6=

❸ 23+19+8=

❷ 27+5+16=

❹ 29+14+13=

⑤ 16+8+5= ☐

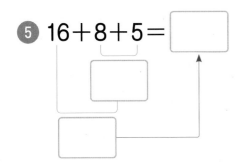

⑨ 28+8+2= ☐

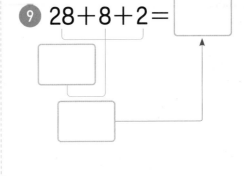

⑥ 35+7+19= ☐

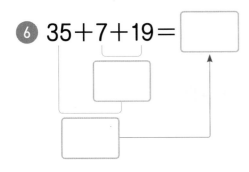

⑩ 36+6+13= ☐

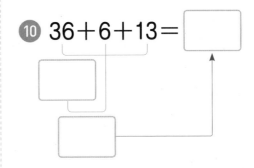

⑦ 32+14+8= ☐

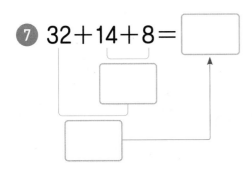

⑪ 21+39+7= ☐

⑧ 46+24+15= ☐

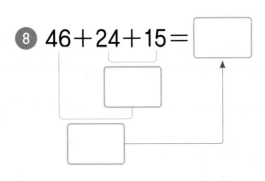

⑫ 53+18+22= ☐

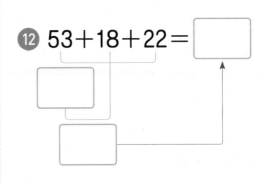

⑬ $14+7+8=$

⑭ $26+3+4=$

⑮ $39+6+9=$

⑯ $47+1+7=$

⑰ $27+8+15=$

⑱ $36+6+24=$

⑲ $43+4+26=$

⑳ $53+9+28=$

㉑ $65+5+41=$

㉒ $19+14+8=$

㉓ $28+33+4=$

㉔ $46+29+7=$

㉕ $57+17+6=$

㉖ $69+19+5=$

㉗ 14＋19＋13＝

㉞ 34＋21＋39＝

㉘ 17＋26＋18＝

㉟ 36＋16＋25＝

㉙ 19＋25＋36＝

㊱ 45＋22＋15＝

㉚ 23＋12＋19＝

㊲ 47＋34＋23＝

㉛ 25＋18＋27＝

㊳ 48＋19＋16＝

㉜ 28＋35＋12＝

㊴ 53＋28＋12＝

㉝ 31＋49＋15＝

㊵ 54＋17＋47＝

32 세 수의 뺄셈

● 26−8−5의 계산

세 수의 뺄셈은 앞에서부터 두 수씩 차례대로 계산합니다.

$$26-8-5=13$$
❶ 18
❷ 13

> 세 수의 뺄셈은 계산 순서를 바꾸면 계산 결과가 달라질 수 있으니 주의합니다.
> $$26-8-5=23(\times)$$
> ❶ 3
> ❷ 23

○ 계산해 보세요.

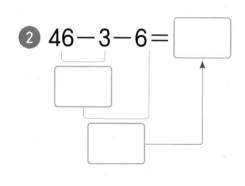

① $23-7-4=$ ☐

② $46-3-6=$ ☐

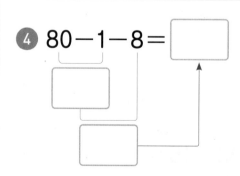

③ $62-8-9=$ ☐

④ $80-1-8=$ ☐

⑤ 50－5－11＝ ☐

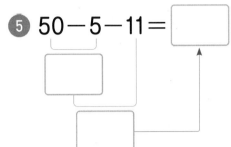

⑨ 66－12－35＝ ☐

⑥ 75－2－34＝ ☐

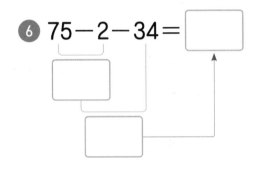

⑩ 71－23－19＝ ☐

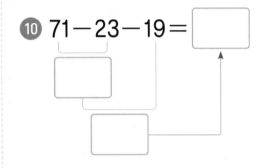

⑦ 46－19－8＝ ☐

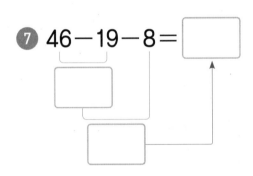

⑪ 83－36－35＝ ☐

⑧ 65－28－7＝ ☐

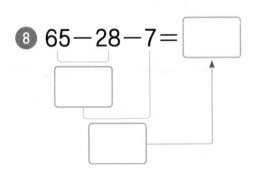

⑫ 94－29－57＝ ☐

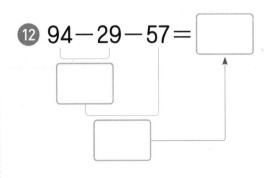

○ 계산해 보세요.

⑬ $25-9-7=$

⑳ $52-7-35=$

⑭ $31-5-6=$

㉑ $64-9-26=$

⑮ $39-2-9=$

㉒ $78-8-54=$

⑯ $50-6-7=$

㉓ $34-16-7=$

⑰ $63-8-4=$

㉔ $43-27-7=$

⑱ $35-6-13=$

㉕ $59-28-6=$

⑲ $41-3-19=$

㉖ $82-46-8=$

㉗ 35－17－12＝

㉞ 78－13－29＝

㉘ 41－26－13＝

㉟ 80－32－26＝

㉙ 56－18－28＝

㊱ 84－15－49＝

㉚ 65－21－25＝

㊲ 85－29－27＝

㉛ 67－28－32＝

㊳ 91－48－38＝

㉜ 69－19－24＝

㊴ 93－53－12＝

㉝ 74－36－17＝

㊵ 95－19－39＝

33 세 수의 덧셈과 뺄셈

덧셈과 뺄셈이 섞여 있는 세 수의 계산은 앞에서부터 두 수씩 차례대로 계산합니다.

$$15+8-6=17$$

❶ 23
❷ 17

$$23-7+8=24$$

❶ 16
❷ 24

○ 계산해 보세요.

① $13+9-4=$

② $38+8-27=$

③ $47+16-8=$

④ $65+17-33=$

5 $24-8+7=$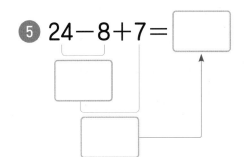

6 $45-7+2=$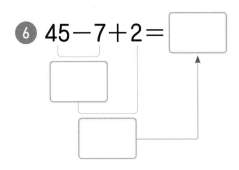

7 $33-5+19=$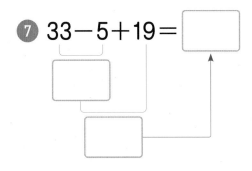

8 $52-6+28=$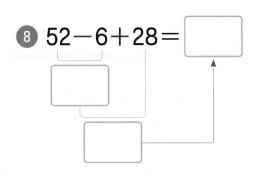

9 $62-37+6=$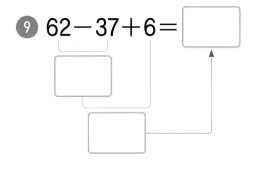

10 $85-46+5=$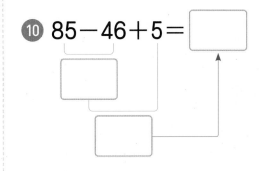

11 $54-29+17=$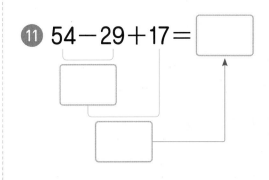

12 $73-56+39=$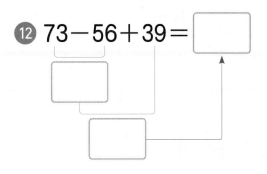

○ 계산해 보세요.

⑬ $15 + 9 - 7 =$

⑳ $17 + 23 - 26 =$

⑭ $27 + 5 - 6 =$

㉑ $28 + 34 - 19 =$

⑮ $56 + 9 - 8 =$

㉒ $33 + 18 - 43 =$

⑯ $34 + 7 - 19 =$

㉓ $46 + 26 - 38 =$

⑰ $63 + 7 - 24 =$

㉔ $58 + 37 - 49 =$

⑱ $27 + 33 - 5 =$

㉕ $69 + 14 - 46 =$

⑲ $75 + 18 - 9 =$

㉖ $76 + 18 - 55 =$

㉗ $22-6+8=$

㉞ $44-15+19=$

㉘ $31-7+9=$

㉟ $52-24+28=$

㉙ $63-6+5=$

㊱ $57-39+16=$

㉚ $35-9+17=$

㊲ $60-45+38=$

㉛ $54-7+24=$

㊳ $71-48+17=$

㉜ $43-29+6=$

㊴ $84-36+28=$

㉝ $65-38+7=$

㊵ $96-57+15=$

34 계산 Plus+

세 수의 덧셈과 뺄셈

○ 빈칸에 알맞은 수를 써넣으세요.

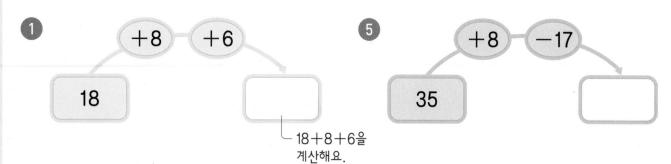

1　+8　+6
18　　　[ ]

└ 18+8+6을 계산해요.

5　+8　−17
35　　　[ ]

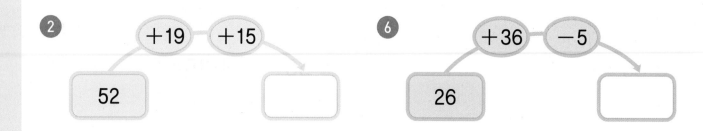

2　+19　+15
52　　　[ ]

6　+36　−5
26　　　[ ]

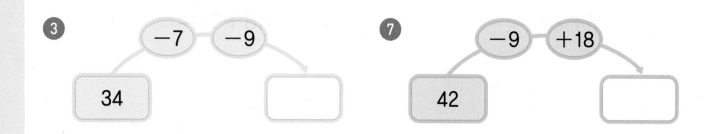

3　−7　−9
34　　　[ ]

7　−9　+18
42　　　[ ]

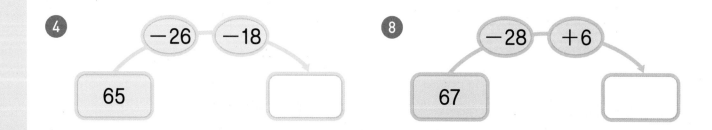

4　−26　−18
65　　　[ ]

8　−28　+6
67　　　[ ]

9 46 → +8 → +19 → ☐

46+8+19를
계산해요.

10 27 → +33 → +6 → ☐

11 38 → +24 → +19 → ☐

12 45 → −7 → −26 → ☐

13 60 → −34 → −8 → ☐

14 53 → −27 → −19 → ☐

15 57 → +6 → −34 → ☐

16 74 → +17 → −45 → ☐

17 28 → −9 → +36 → ☐

18 86 → −58 → +23 → ☐

● 정국이와 수지가 퍼즐을 완성했습니다.
계산 결과가 47이 되는 퍼즐 조각을 모두 찾아 ◯표 하세요.

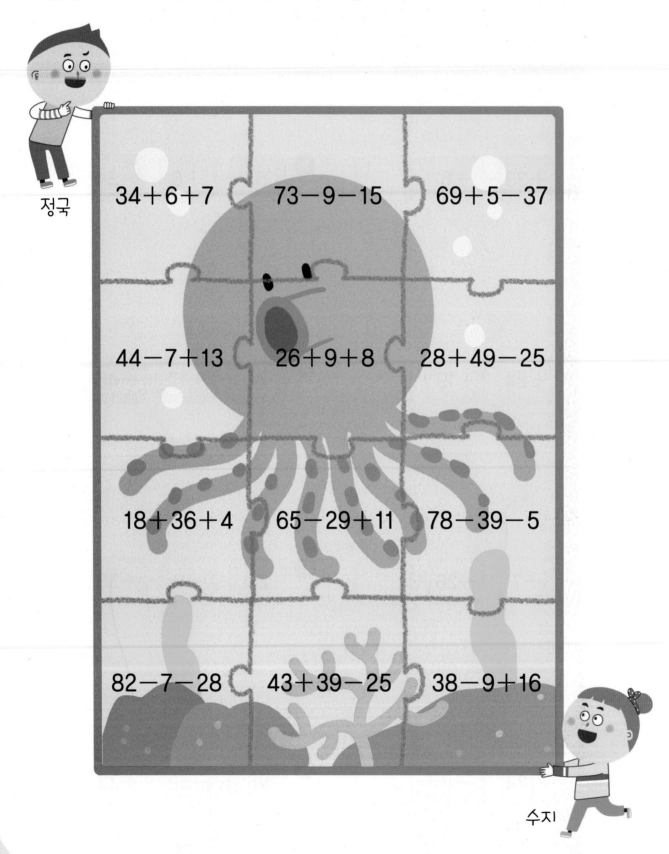

정국

$34+6+7$ $73-9-15$ $69+5-37$

$44-7+13$ $26+9+8$ $28+49-25$

$18+36+4$ $65-29+11$ $78-39-5$

$82-7-28$ $43+39-25$ $38-9+16$

수지

● 계산 결과에 해당하는 글자를 ☐ 안에 써넣어 속담을 완성해 보세요.

29
40
기
61
51
로
계
바
19
41
으
위
란
치
34
58

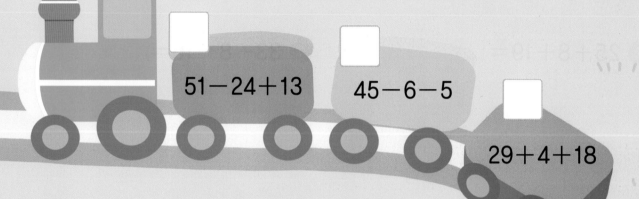

☐ 51－24＋13
☐ 45－6－5
☐ 29＋4＋18
☐ 36＋18－25

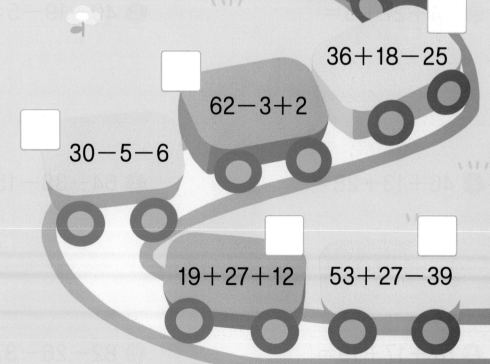

☐ 62－3＋2
☐ 30－5－6
☐ 19＋27＋12
☐ 53＋27－39

35 세 수의 덧셈과 뺄셈
평가

○ 계산해 보세요.

① $17+5+8=$

② $25+8+19=$

③ $34+27+6=$

④ $46+13+28=$

⑤ $57+17+19=$

⑥ $21-5-9=$

⑦ $33-8-16=$

⑧ $40-19-5=$

⑨ $64-38-15=$

⑩ $82-26-37=$

⑪ 26+8−7＝

⑫ 35+16−9＝

⑬ 57+29−48＝

⑭ 32−7+9＝

⑮ 43−26+7＝

⑯ 67−29+34＝

○ 빈칸에 알맞은 수를 써넣으세요.

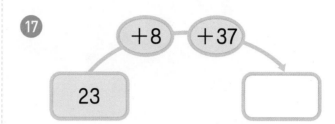

⑰

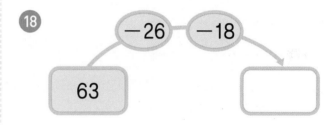

⑱

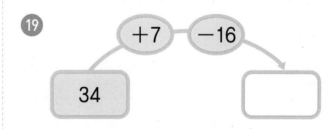

⑲

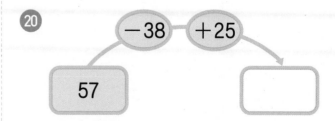

⑳

5 곱셈

곱셈의 **개념**을 이해하고,
곱셈식으로 나타내는 훈련이 중요한

묶어 세기

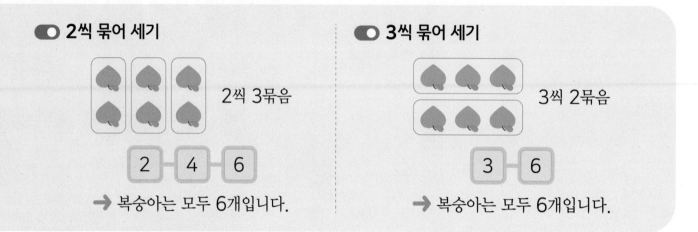

● **2씩 묶어 세기**

2씩 3묶음

2 4 6

➜ 복숭아는 모두 6개입니다.

● **3씩 묶어 세기**

3씩 2묶음

3 6

➜ 복숭아는 모두 6개입니다.

○ **모두 몇 개인지 묶어 세어 보세요.**

❶
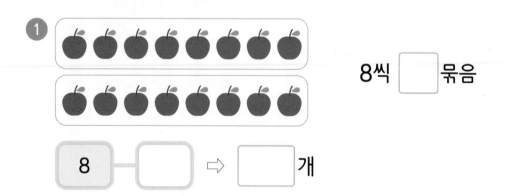

8씩 □ 묶음

8 — □ ⇨ □ 개

❷
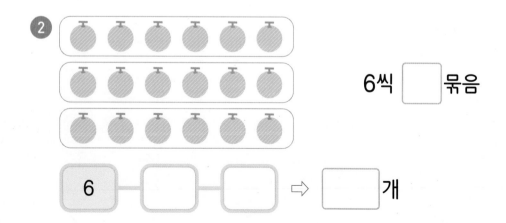

6씩 □ 묶음

6 — □ — □ ⇨ □ 개

③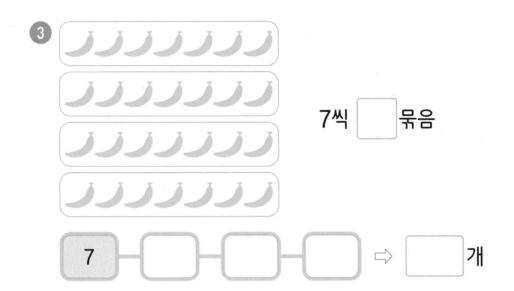

7씩 ☐ 묶음

7 — ☐ — ☐ — ☐ ⇨ ☐ 개

④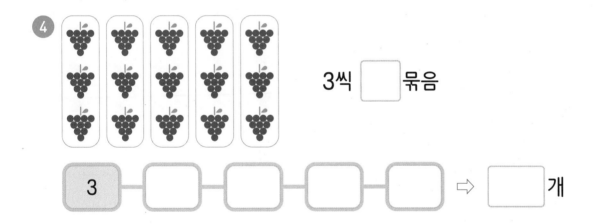

3씩 ☐ 묶음

3 — ☐ — ☐ — ☐ — ☐ ⇨ ☐ 개

⑤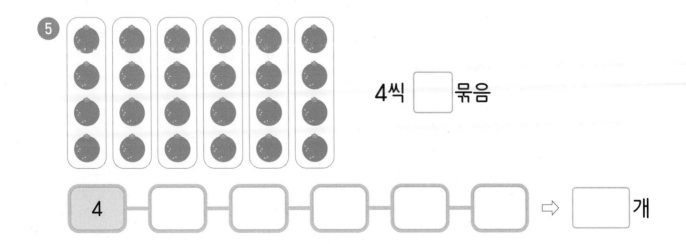

4씩 ☐ 묶음

4 — ☐ — ☐ — ☐ — ☐ — ☐ ⇨ ☐ 개

○ 모두 몇 개인지 묶어 세어 보세요.

6

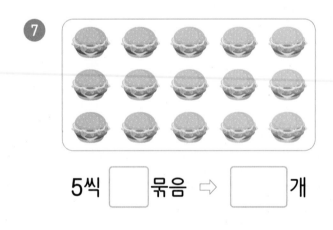

2씩 [ ] 묶음 ⇨ [ ] 개

7

5씩 [ ] 묶음 ⇨ [ ] 개

8

4씩 [ ] 묶음 ⇨ [ ] 개

9

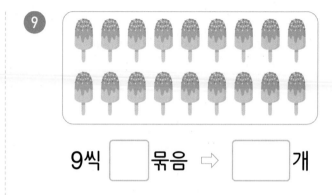

9씩 [ ] 묶음 ⇨ [ ] 개

10

6씩 [ ] 묶음 ⇨ [ ] 개

11

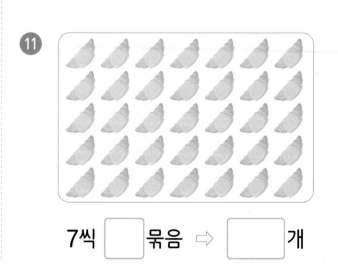

7씩 [ ] 묶음 ⇨ [ ] 개

12

7씩 ☐ 묶음 ⇨ ☐ 개

13

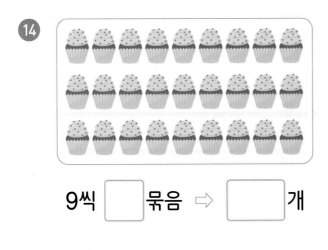

3씩 ☐ 묶음 ⇨ ☐ 개

14

9씩 ☐ 묶음 ⇨ ☐ 개

15

6씩 ☐ 묶음 ⇨ ☐ 개

16

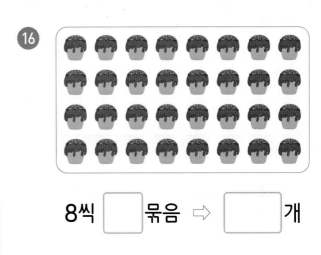

8씩 ☐ 묶음 ⇨ ☐ 개

17

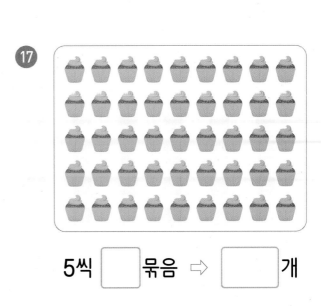

5씩 ☐ 묶음 ⇨ ☐ 개

 몇의 몇 배

⬤ 2의 3배 알아보기

2씩 3묶음 ➡ 2의 3배

2의 3배는 2+2+2=6입니다.

2를 3번 더합니다.

⭕ 그림을 보고 ⬜ 안에 알맞은 수를 써넣으세요.

①

· 7씩 ⬜ 묶음

· 7의 ⬜ 배

⇨ 7+⬜ = ⬜

②

· 4씩 ⬜ 묶음

· 4의 ⬜ 배

⇨ 4+4+4+⬜ + ⬜ + ⬜ = ⬜

3

- 9씩 ☐ 묶음
- 9의 ☐ 배

⇨ 9 + ☐ + ☐ = ☐

4

- 6씩 ☐ 묶음
- 6의 ☐ 배

⇨ 6 + ☐ + ☐ + ☐ = ☐

5

- 3씩 ☐ 묶음
- 3의 ☐ 배

⇨ 3 + ☐ + ☐ + ☐ + ☐ = ☐

6

- 2씩 ☐ 묶음
- 2의 ☐ 배

⇨ 2 + 2 + ☐ + ☐ + ☐ + ☐ + ☐ + ☐ = ☐

○ 그림을 보고 ⬚ 안에 알맞은 수를 써넣으세요.

⑦

· 7씩 ⬚ 묶음

· 7의 ⬚ 배

⇨ 7+ ⬚ + ⬚ = ⬚

⑧

· 8씩 ⬚ 묶음

· 8의 ⬚ 배

⇨ 8+ ⬚ + ⬚ + ⬚ = ⬚

⑨

· 9씩 ⬚ 묶음

· 9의 ⬚ 배

⇨ 9+ ⬚ + ⬚ + ⬚ + ⬚ = ⬚

⑩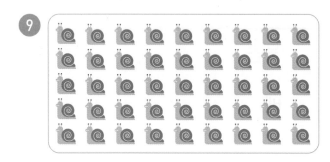

· 4씩 ⬚ 묶음

· 4의 ⬚ 배

⇨ 4+ ⬚ + ⬚ + ⬚ + ⬚ + ⬚ + ⬚ = ⬚

◎ ☐ 안에 알맞은 수를 써넣으세요.

⑪ 5씩 3묶음 ⇨ 5의 ☐ 배

⇨ 5 + ☐ + ☐ = ☐

⑫ 2씩 4묶음 ⇨ 2의 ☐ 배

⇨ 2 + ☐ + ☐ + ☐ = ☐

⑬ 7씩 5묶음 ⇨ 7의 ☐ 배

⇨ 7 + ☐ + ☐ + ☐ + ☐ = ☐

⑭ 8씩 6묶음 ⇨ 8의 ☐ 배

⇨ 8 + ☐ + ☐ + ☐ + ☐ + ☐ = ☐

⑮ 6씩 7묶음 ⇨ 6의 ☐ 배

⇨ 6 + ☐ + ☐ + ☐ + ☐ + ☐ + ☐ = ☐

38 곱셈식

● 곱셈식 **2×5** 알아보기

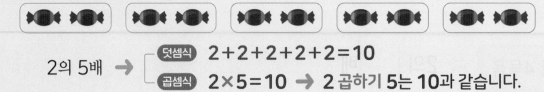

2의 5배 →

┌ 덧셈식 │ 2+2+2+2+2=10
└ 곱셈식 │ 2×5=10 → 2 곱하기 5는 10과 같습니다.

○ 그림을 보고 덧셈식과 곱셈식으로 나타내어 보세요.

1

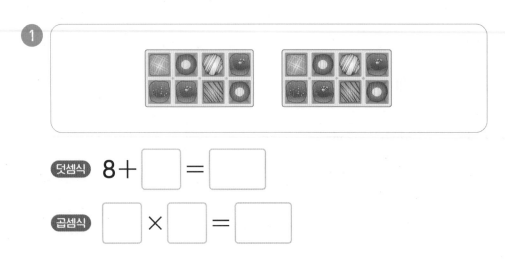

덧셈식 8+ ☐ = ☐

곱셈식 ☐ × ☐ = ☐

2

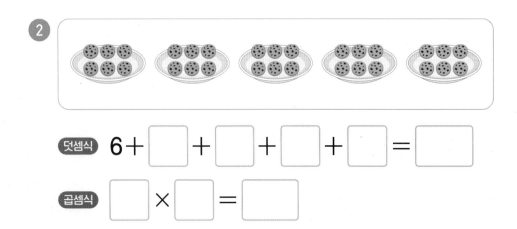

덧셈식 6+ ☐ + ☐ + ☐ + ☐ = ☐

곱셈식 ☐ × ☐ = ☐

3

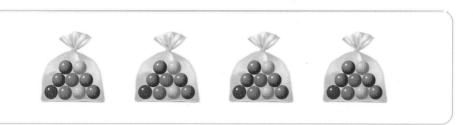

덧셈식 ☐ + ☐ + ☐ + ☐ = ☐

곱셈식 ☐ × ☐ = ☐

4

덧셈식 ☐ + ☐ + ☐ + ☐ + ☐ = ☐

곱셈식 ☐ × ☐ = ☐

5

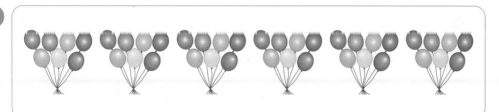

덧셈식 ☐ + ☐ + ☐ + ☐ + ☐ + ☐ = ☐

곱셈식 ☐ × ☐ = ☐

○ 다음을 보고 덧셈식과 곱셈식으로 나타내어 보세요.

6

7의 2배

덧셈식 ☐ + ☐ = ☐

곱셈식 ☐ × ☐ = ☐

7

6의 3배

덧셈식 ☐ + ☐ + ☐ = ☐

곱셈식 ☐ × ☐ = ☐

8

4의 4배

덧셈식 ☐ + ☐ + ☐ + ☐ = ☐

곱셈식 ☐ × ☐ = ☐

9

3의 5배

덧셈식 ☐ + ☐ + ☐ + ☐ + ☐ = ☐

곱셈식 ☐ × ☐ = ☐

10

9의 6배

덧셈식 ☐ + ☐ + ☐ + ☐ + ☐ + ☐ = ☐

곱셈식 ☐ × ☐ = ☐

○ ☐ 안에 알맞은 수를 써넣으세요.

⑪ $3+3=$ ☐ ⇨ ☐ $\times$ ☐ $=$ ☐

⑫ $7+7+7=$ ☐ ⇨ ☐ $\times$ ☐ $=$ ☐

⑬ $2+2+2+2=$ ☐ ⇨ ☐ $\times$ ☐ $=$ ☐

⑭ $8+8+8+8+8=$ ☐ ⇨ ☐ $\times$ ☐ $=$ ☐

⑮ $5+5+5+5+5+5=$ ☐ ⇨ ☐ $\times$ ☐ $=$ ☐

⑯ $4+4+4+4+4+4+4=$ ☐ ⇨ ☐ $\times$ ☐ $=$ ☐

⑰ $9+9+9+9+9+9+9+9=$ ☐ ⇨ ☐ $\times$ ☐ $=$ ☐

39 계산 Plus+

곱셈

○ 그림을 보고 ☐ 안에 알맞은 수를 써넣으세요.

1

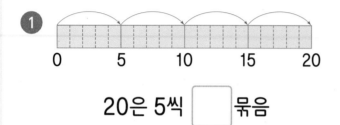

20은 5씩 ☐ 묶음

2

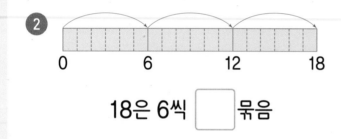

18은 6씩 ☐ 묶음

3

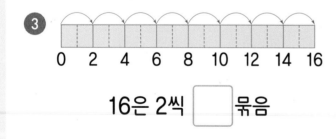

16은 2씩 ☐ 묶음

4

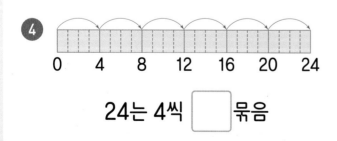

24는 4씩 ☐ 묶음

5

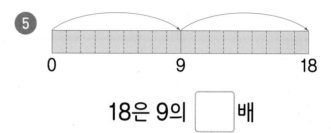

18은 9의 ☐ 배

6

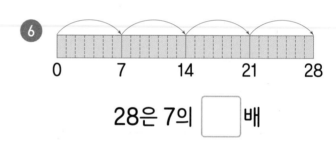

28은 7의 ☐ 배

7

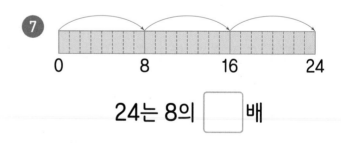

24는 8의 ☐ 배

8

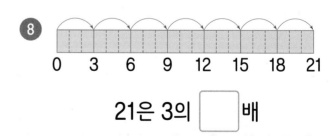

21은 3의 ☐ 배

● **그림을 보고 곱셈식으로 나타내어 보세요.**

9

곱셈식 _____

10

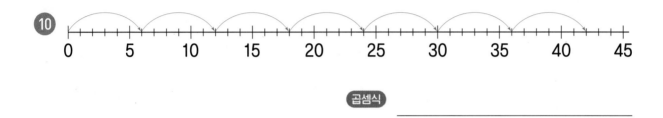

곱셈식 _____

11

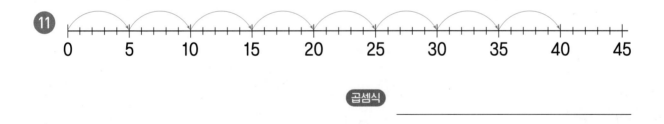

곱셈식 _____

12

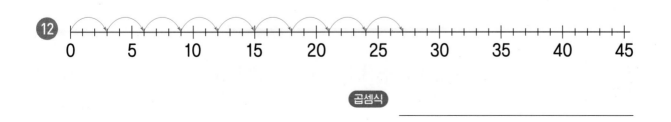

곱셈식 _____

○ 관계있는 것끼리 선으로 이어 보세요.

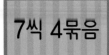

7씩 4묶음

4+4+4+4+4+4

4×6

6의 5배

9+9+9

3×7

4의 6배

7+7+7+7

6×5

3씩 7묶음

6+6+6+6+6

7×4

9의 3배

3+3+3+3+3+3+3

9×3

○ 계산 결과를 따라가면 돼지가 먹고 싶어 하는 과일을 알 수 있습니다.
　돼지가 먹고 싶어 하는 과일을 찾아 ○표 하세요.

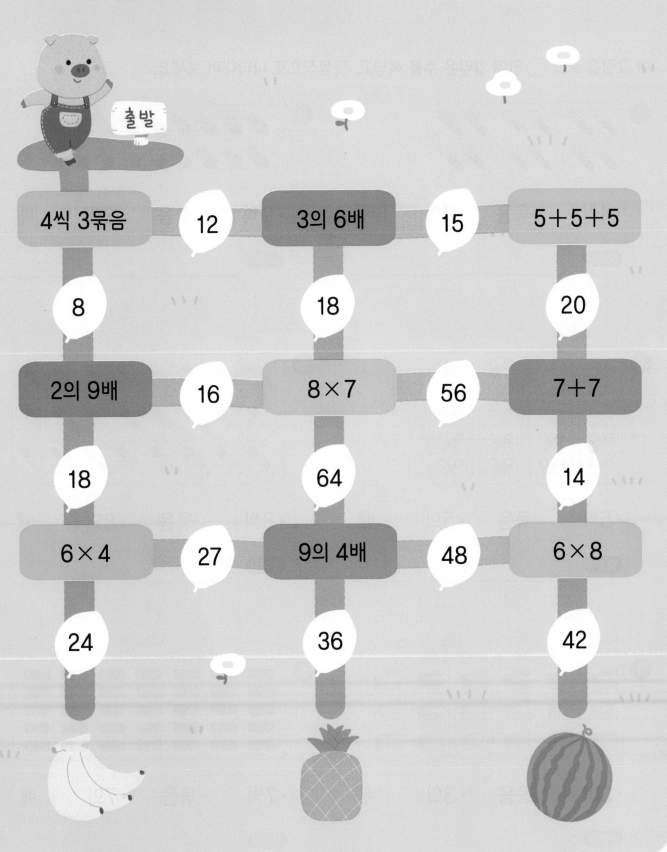

40 곱셈 평가

◎ 그림을 보고 ☐ 안에 알맞은 수를 써넣고, 덧셈식으로 나타내어 보세요.

1

• 4씩 ☐ 묶음   • 4의 ☐ 배

덧셈식 _____

4

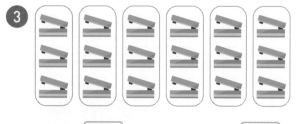

• 9씩 ☐ 묶음   • 9의 ☐ 배

덧셈식 _____

2

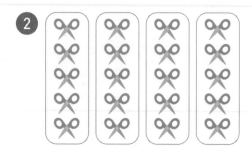

• 5씩 ☐ 묶음   • 5의 ☐ 배

덧셈식 _____

5

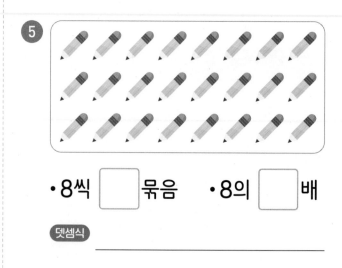

• 8씩 ☐ 묶음   • 8의 ☐ 배

덧셈식 _____

3

• 3씩 ☐ 묶음   • 3의 ☐ 배

덧셈식 _____

6

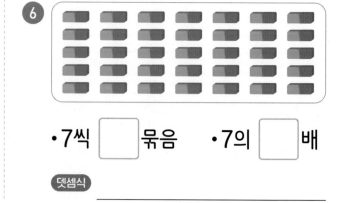

• 7씩 ☐ 묶음   • 7의 ☐ 배

덧셈식 _____

○ 다음을 보고 덧셈식과 곱셈식으로 나타내어
보세요.

7 5의 2배

덧셈식 _____

곱셈식 _____

8 8의 4배

덧셈식 _____

곱셈식 _____

9 9의 5배

덧셈식 _____

곱셈식 _____

10 6의 6배

덧셈식 _____

곱셈식 _____

○ ☐ 안에 알맞은 수를 써넣으세요.

⑪ 4+4=☐

⇨ ☐ × ☐ = ☐

⑫ 9+9+9=☐

⇨ ☐ × ☐ = ☐

⑬ 3+3+3+3=☐

⇨ ☐ × ☐ = ☐

⑭ 6+6+6+6+6=☐

⇨ ☐ × ☐ = ☐

⑮ 7+7+7+7+7+7=☐

⇨ ☐ × ☐ = ☐

실력평가

○ ☐ 안에 알맞은 수를 써넣으세요. [❶~❺]

❶ 100이 5개
   10이 0개 ─ 이면 ☐
   1이 0개

❷ 100이 4개
   10이 7개 ─ 이면 ☐
   1이 6개

❸ 100이 8개
   10이 1개 ─ 이면 ☐
   1이 9개

❹ 100이 7개
   10이 0개 ─ 이면 ☐
   1이 2개

❺ 100이 9개
   10이 4개 ─ 이면 ☐
   1이 1개

○ 계산해 보세요. [❻~㉒]

❻ 26+7=

❼ 34+19=

❽ 53+38=

❾ 44+83=

❿ 64+75=

⓫ 17+94=

⓬ 32-9=

⓭ 55-7=

⑭ 70−17=

⑮ 43−29=

⑯ 61−48=

⑰ 16+9+8=

⑱ 32+7+16=

⑲ 57+18+51=

⑳ 27−9−9=

㉑ 34−8−17=

㉒ 65−15−28=

◎ 다음을 보고 덧셈식과 곱셈식으로 나타내어 보세요. [㉓ ~ ㉕]

㉓

덧셈식 _____

곱셈식 _____

㉔

덧셈식 _____

곱셈식 _____

㉕

덧셈식 _____

곱셈식 _____

○ 빈칸에 빨간색 숫자가 나타내는 값을 써넣으세요. [1~5]

1　321　[ ]

2　779　[ ]

3　492　[ ]

4　857　[ ]

5　986　[ ]

○ 계산해 보세요. [6~21]

6 38＋9＝

7 55＋16＝

8 76＋63＝

9 57＋47＝

10 67－8＝

11 40－24＝

12 90－43＝

13 82－37＝

⑭ $41+16+24=$

⑮ $73+16+21=$

⑯ $57-9-13=$

⑰ $81-18-46=$

⑱ $42+8-19=$

⑲ $54+7-25=$

⑳ $66-39+13=$

㉑ $97-29+48=$

○ 다음을 보고 덧셈식과 곱셈식으로 나타내어 보세요. [㉒~㉕]

㉒
> 2의 5배

덧셈식 _____

곱셈식 _____

㉓
> 3의 6배

덧셈식 _____

곱셈식 _____

㉔
> 7의 8배

덧셈식 _____

곱셈식 _____

㉕
> 9의 9배

덧셈식 _____

곱셈식 _____

○ 뛰어서 세는 규칙을 찾아 빈칸에 알맞은
  수를 써넣으세요. [①~②]

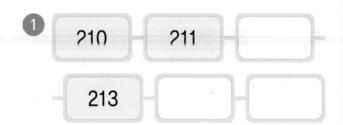

1

| 210 | 211 | |
| 213 | | |

2

| 645 | | |
| 675 | 685 | |

○ 두 수의 크기를 비교하여 ◯ 안에 > 또는
  <를 알맞게 써넣으세요. [③~⑤]

3 218 ◯ 193

4 456 ◯ 497

5 561 ◯ 568

○ 계산해 보세요. [⑥~⑫]

6 78＋14＝

7 81＋67＝

8 49＋58＝

9 82＋79＝

10 61－23＝

11 84－47＝

12 93－36＝

○ ☐ 안에 알맞은 수를 써넣으세요. [⑬~⑯]

⑬ $27 + \boxed{} = 45$

⑭ $\boxed{} + 58 = 81$

⑮ $41 - \boxed{} = 12$

⑯ $78 - \boxed{} = 39$

○ 계산해 보세요. [⑰~⑳]

⑰ $67 + 14 + 19 =$

⑱ $72 - 26 - 33 =$

⑲ $54 + 17 - 28 =$

⑳ $81 - 33 + 54 =$

○ ☐ 안에 알맞은 수를 써넣으세요. [㉑~㉕]

㉑ $3 + 3 + 3 + 3 + 3 + 3 + 3$
$= \boxed{}$
$\Rightarrow \boxed{} \times \boxed{} = \boxed{}$

㉒ $6 + 6 + 6 + 6 + 6 = \boxed{}$
$\Rightarrow \boxed{} \times \boxed{} = \boxed{}$

㉓ $4 + 4 + 4 + 4 + 4 + 4 + 4 + 4$
$= \boxed{}$
$\Rightarrow \boxed{} \times \boxed{} = \boxed{}$

㉔ $7 + 7 + 7 + 7 + 7 + 7 = \boxed{}$
$\Rightarrow \boxed{} \times \boxed{} = \boxed{}$

㉕ $8 + 8 + 8 + 8 + 8 + 8 + 8$
$+ 8 + 8 = \boxed{}$
$\Rightarrow \boxed{} \times \boxed{} = \boxed{}$

memo

ⓦ 완자

공부력

정답

계산

×

초등 수학

2A

2학년

📖 책 속의 가접 별책 (특허 제 0557442호)

'정답'은 본책에서 쉽게 분리할 수 있도록 제작되었으므로
유통 과정에서 분리될 수 있으나 파본이 아닌 정상 제품입니다.

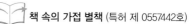

visang

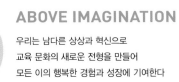

ABOVE IMAGINATION

우리는 남다른 상상과 혁신으로
교육 문화의 새로운 전형을 만들어
모든 이의 행복한 경험과 성장에 기여한다

완자 공부력

초등 수학 계산 2A

· · · · ·

정답

완자 공부력 가이드

완자 공부력 시리즈는
앞으로도 계속 출간될 예정입니다.

국어 맞춤법 바로 쓰기 1~2학년용 4책

쓰기력

전과목 어휘 1~6학년용 12책

전과목 한자 어휘 1~6학년용 12책

영어 파닉스 1~2학년용 2책

영어 영단어 3~6학년용 8책

어휘력

국어 독해 1~6학년용 12책

한국사 독해 인물편 3~6학년용 4책

한국사 독해 시대편 3~6학년용 4책

독해력

수학 계산 1~6학년용 12책

계산력

완자 공부력 시리즈로 공부 근육을 키워요!

매일 성장하는
초등 자기개발서
ⓦ 완자
공부력

학습의 기초가 되는 읽기, 쓰기, 셈하기와 관련된
공부력을 키워야 여러 교과를 터득하기 쉬워집니다.
또한 어휘력과 독해력, 쓰기력, 계산력을 바탕으로 한
'공부력'은 자기주도 학습으로 상당한 단계까지 올라갈 수
있는 밑바탕이 되어 줍니다. 그래서 매일 꾸준한 학습이
가능한 '완자 공부력 시리즈'로 공부하면 자기주도학습이
가능한 튼튼한 공부 근육을 키울 수 있을 것이라 확신합니다.

효과적인 공부력 강화 계획을 세워요!

○ 학년별 공부 계획
내 학년에 맞게 꾸준하게 공부 계획을 세워요!

		1-2학년	3-4학년	5-6학년
기본	독해	국어 독해 1A 1B 2A 2B	국어 독해 3A 3B 4A 4B	국어 독해 5A 5B 6A 6B
	계산	수학 계산 1A 1B 2A 2B	수학 계산 3A 3B 4A 4B	수학 계산 5A 5B 6A 6B
	어휘	전과목 어휘 1A 1B 2A 2B	전과목 어휘 3A 3B 4A 4B	전과목 어휘 5A 5B 6A 6B
		파닉스 1 2	영단어 3A 3B 4A 4B	영단어 5A 5B 6A 6B
확장	어휘	전과목 한자 어휘 1A 1B 2A 2B	전과목 한자 어휘 3A 3B 4A 4B	전과목 한자 어휘 5A 5B 6A 6B
	쓰기	맞춤법 바로 쓰기 1A 1B 2A 2B		
	독해		한국사 독해 인물편 1 2 3 4	
			한국사 독해 시대편 1 2 3 4	

◦ 시기별 공부 계획

학기 중에는 **기본**, 방학 중에는 **기본 + 확장**으로 공부 계획을 세워요!

방학 중			
학기 중			
기본			**확장**
독해	계산	어휘	어휘, 쓰기, 독해
국어 독해	수학 계산	전과목 어휘	전과목 한자 어휘
		파닉스(1~2학년) 영단어(3~6학년)	맞춤법 바로 쓰기(1~2학년) 한국사 독해(3~6학년)

예시 **초1 학기 중 공부 계획표** 주 5일 하루 3과목 (45분)

월	화	수	목	금
국어 독해	국어 독해	국어 독해	국어 독해	국어 독해
수학 계산	수학 계산	수학 계산	수학 계산	수학 계산
전과목 어휘	파닉스	전과목 어휘	전과목 어휘	파닉스

예시 **초4 방학 중 공부 계획표** 주 5일 하루 4과목 (60분)

월	화	수	목	금
국어 독해	국어 독해	국어 독해	국어 독해	국어 독해
수학 계산	수학 계산	수학 계산	수학 계산	수학 계산
전과목 어휘	영단어	전과목 어휘	전과목 어휘	영단어
한국사 독해 인물편	전과목 한자 어휘	한국사 독해 인물편	전과목 한자 어휘	한국사 독해 인물편

1 세 자리 수

01 백, 몇백

10쪽

❶ 1, 100
❷ 10, 100
❸ 2, 100

11쪽

❹ 3, 300
❺ 4, 400
❻ 6, 600
❼ 7, 700
❽ 9, 900

12쪽

❾ 100
❿ 200
⓫ 400
⓬ 500
⓭ 600
⓮ 700
⓯ 900

⓰ 이백
⓱ 오백
⓲ 삼백
⓳ 육백
⓴ 구백
㉑ 사백
㉒ 팔백

13쪽

㉓ 200
㉔ 100
㉕ 800
㉖ 100
㉗ 700
㉘ 100

㉙ 100
㉚ 400
㉛ 900
㉜ 100
㉝ 500
㉞ 100

02 세 자리 수

14쪽

❶ 2, 5, 4 / 254
❷ 3, 1, 7 / 317

15쪽

❸ 1, 3, 6 / 136 / 백삼십육
❹ 4, 2, 9 / 429 / 사백이십구
❺ 5, 7, 0 / 570 / 오백칠십
❻ 6, 0, 5 / 605 / 육백오

16쪽

❼ 137
❽ 214
❾ 235
❿ 306

⓫ 341
⓬ 452
⓭ 470
⓮ 523

17쪽

⓯ 174
⓰ 256
⓱ 349
⓲ 460
⓳ 583
⓴ 602
㉑ 736

㉒ 이백육십칠
㉓ 삼백사십구
㉔ 오백팔십사
㉕ 육백삼십일
㉖ 칠백이십구
㉗ 팔백십칠
㉘ 구백팔

03 세 자리 수의 자릿값

18쪽

❶ 100, 60, 5

❷ 300, 80, 2 / 300, 80, 2

19쪽

❸ 2, 6, 9

❹ 3, 7, 1

❺ 4, 0, 8

❻ 5, 2, 7

❼ 6, 3, 4

❽ 7, 9, 0

❾ 8, 5, 2

❿ 9, 1, 6

20쪽

⓫ 1, 4, 6 / 100, 40, 6

⓬ 3, 8, 5 / 300, 80, 5

⓭ 4, 7, 3 / 400, 70, 3

⓮ 5, 0, 2 / 500, 0, 2

⓯ 7, 2, 8 / 700, 20, 8

⓰ 9, 6, 0 / 900, 60, 0

21쪽

⓱ 80

⓲ 3

⓳ 10

⓴ 400

㉑ 7

㉒ 500

㉓ 4

㉔ 600

㉕ 20

㉖ 30

㉗ 5

㉘ 900

04 계산 Plus+ 세 자리 수

22쪽

❶ 374

❷ 258

❸ 961

❹ 100

❺ 4, 9, 3

❻ 6, 5, 2

❼ 8, 0, 7

23쪽

❽ 600

❾ 4

❿ 10

⓫ 900

⓬ 80

⓭ 2

⓮ 50

⓯ 800

⓰ 70

⓱ 6

⓲ 500

⓳ 3

1 세 자리 수

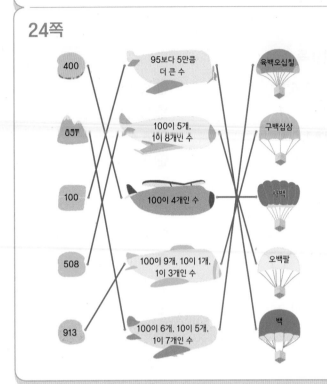

24쪽

25쪽

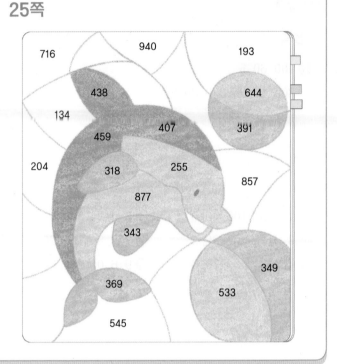

○5 뛰어서 세기

26쪽

① 700, 800
② 580, 680, 780
③ 345, 545, 645
④ 464, 664, 764, 864

27쪽

⑤ 440, 450
⑥ 540, 560, 570
⑦ 358, 378, 388
⑧ 190, 200, 210, 220
⑨ 254, 255
⑩ 465, 467, 468
⑪ 600, 601, 603
⑫ 996, 998, 999, 1000

28쪽

⑬ 100
⑭ 10
⑮ 1
⑯ 10
⑰ 100

⑱ 1
⑲ 10
⑳ 100
㉑ 10
㉒ 1

29쪽

㉓ 678, 688, 698
㉔ 302, 303, 304
㉕ 370, 470, 670
㉖ 506, 526, 536
㉗ 996, 999, 1000
㉘ 495, 595, 895
㉙ 200, 210, 230

06 두 수의 크기 비교

❶ 1, 8, 3 / >
❷ 8, 2, 0 / <
❸ 3, 5, 6 / >
❹ 6, 4, 5 / >

❺ 3, 1, 5 / 2, 0, 9 / >
❻ 4, 7, 6 / 5, 2, 4 / <
❼ 6, 2, 7 / 7, 3, 9 / <
❽ 9, 6, 0 / 8, 7, 4 / >
❾ 2, 3, 5 / 2, 4, 3 / <
❿ 5, 8, 2 / 5, 7, 9 / >
⓫ 7, 5, 4 / 7, 5, 5 / <
⓬ 8, 3, 7 / 8, 3, 2 / >

⓭ 417
⓮ 287
⓯ 591
⓰ 743
⓱ 900
⓲ 473
⓳ 178
⓴ 354
㉑ 621
㉒ 749
㉓ 273
㉔ 522
㉕ 389
㉖ 528

㉗ >
㉘ <
㉙ >
㉚ >
㉛ <
㉜ <
㉝ >
㉞ >
㉟ <
㊱ >
㊲ <
㊳ <
㊴ >
㊵ <
㊶ >
㊷ <
㊸ >
㊹ >
㊺ <
㊻ >
㊼ <

07 세 수의 크기 비교

❶ 3, 8, 6 / 4, 1, 5 / 415
❷ 8, 2, 1 / 7, 4, 5 / 821
❸ 2, 3, 9 / 1, 7, 3 / 239
❹ 5, 8, 4 / 5, 6, 9 / 584

❺ 3, 7, 2 / 4, 3, 8 / 372
❻ 6, 2, 0 / 5, 9, 3 / 593
❼ 9, 2, 6 / 7, 6, 0 / 760
❽ 4, 7, 9 / 5, 1, 8 / 479
❾ 7, 0, 6 / 7, 5, 0 / 706
❿ 9, 3, 5 / 9, 3, 3 / 933

⓫ 500
⓬ 602
⓭ 704
⓮ 358
⓯ 923
⓰ 623
⓱ 546
⓲ 312
⓳ 754
⓴ 600
㉑ 121
㉒ 434
㉓ 950
㉔ 875

㉕ 700
㉖ 247
㉗ 101
㉘ 632
㉙ 132
㉚ 325
㉛ 436
㉜ 536
㉝ 329
㉞ 837
㉟ 690
㊱ 548
㊲ 267
㊳ 953

1 세 자리 수

38쪽

1. 520, 420, 320
2. 370, 360, 340
3. 345, 344, 343
4. 636, 336, 236
5. 642, 641, 639
6. 573, 563, 553

39쪽

7. 524에 ○표, 328에 △표
8. 765에 ○표, 478에 △표
9. 835에 ○표, 354에 △표
10. 415에 ○표, 349에 △표
11. 683에 ○표, 635에 △표
12. 483에 ○표, 218에 △표
13. 926에 ○표, 858에 △표
14. 652에 ○표, 644에 △표

40쪽

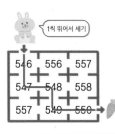
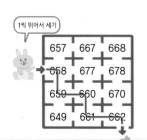
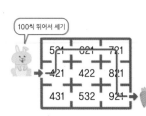
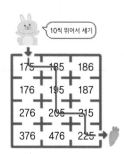

41쪽

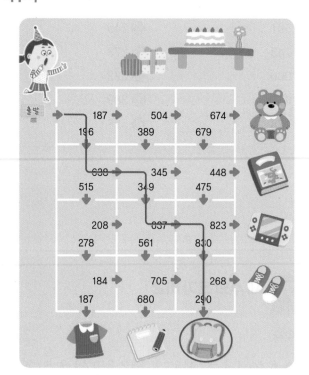

09 세 자리 수 평가

42쪽

1. 800
2. 953
3. 칠백이십
4. 삼백팔십일
5. 900
6. 100
7. 143
8. 275
9. 5, 4, 8
10. 8, 2, 6

43쪽

11. 40
12. 600
13. 692, 702, 712
14. 364, 664, 764
15. 729, 730, 731
16. <
17. <
18. >
19. 519에 ○표, 436에 △표
20. 751에 ○표, 743에 △표

10 일의 자리에서 받아올림이 있는 (두 자리 수) + (한 자리 수)

46쪽

❶ 21	❸ 42	❺ 61
❷ 32	❹ 53	❻ 83

47쪽

❼ 20	⓭ 42	⓳ 72
❽ 21	⓮ 53	⓴ 72
❾ 32	⓯ 54	㉑ 81
❿ 34	⓰ 64	㉒ 82
⓫ 35	⓱ 61	㉓ 90
⓬ 40	⓲ 70	㉔ 93

48쪽

㉕ 24	㉙ 47	㉝ 70
㉖ 26	㉚ 51	㉞ 83
㉗ 32	㉛ 60	㉟ 82
㉘ 31	㉜ 63	㊱ 92

49쪽

㊲ 22	㊹ 46	㊿ 70
㊳ 22	㊺ 53	52 74
㊴ 31	㊻ 50	53 80
㊵ 32	㊼ 51	54 82
㊶ 30	㊽ 62	55 93
㊷ 40	㊾ 61	56 91
㊸ 41	50 61	57 96

11 일의 자리에서 받아올림이 있는 (두 자리 수) + (두 자리 수)

50쪽

❶ 31	❸ 50	❺ 91
❷ 73	❹ 71	❻ 80

51쪽

❼ 31	⓭ 60	⓳ 83
❽ 44	⓮ 86	⓴ 95
❾ 62	⓯ 60	㉑ 81
❿ 51	⓰ 84	㉒ 97
⓫ 62	⓱ 93	㉓ 92
⓬ 80	⓲ 71	㉔ 92

2 덧셈

12 계산 Plus+ (두 자리 수)+(한 자리 수), (두 자리 수)+(두 자리 수)(I)

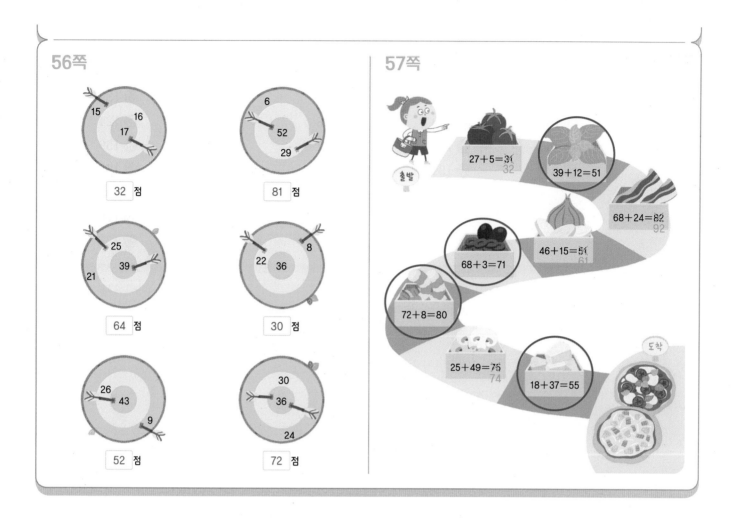

56쪽

32 점

81 점

64 점

30 점

52 점

72 점

57쪽

출발

27＋5=31
　　　32

39＋12=51

68＋24=82
　　　92

46＋15=51
　　　61

68＋3=71

72＋8=80

25＋49=75
　　　74

18＋37=55

도착

58쪽

❶ 107 　❸ 108 　❺ 159
❷ 126 　❹ 145 　❻ 149

59쪽

❼ 108 　⓭ 128 　⓳ 129
❽ 107 　⓮ 137 　⓴ 149
❾ 117 　⓯ 119 　㉑ 176
❿ 117 　⓰ 158 　㉒ 156
⓫ 129 　⓱ 139 　㉓ 169
⓬ 117 　⓲ 158 　㉔ 158

60쪽

㉕ 107
㉖ 119
㉗ 108
㉘ 135
㉙ 109
㉚ 157
㉛ 106
㉜ 137
㉝ 118
㉞ 139
㉟ 176
㊱ 139

61쪽

㊲ 109
㊳ 108
㊴ 117
㊵ 118
㊶ 109
㊷ 117
㊸ 127
㊹ 126
㊺ 148
㊻ 118
㊼ 126
㊽ 139
㊾ 125
㊿ 168
(51) 139
(52) 124
(53) 159
(54) 177
(55) 104
(56) 176
(57) 135

14 받아올림이 두 번 있는 (두 자리 수)+(두 자리 수)

62쪽

① 101
② 123
③ 121
④ 143
⑤ 131
⑥ 155

63쪽

⑦ 110
⑧ 101
⑨ 116
⑩ 130
⑪ 127
⑫ 112
⑬ 133
⑭ 153
⑮ 120
⑯ 153
⑰ 120
⑱ 151
⑲ 163
⑳ 152
㉑ 182
㉒ 125
㉓ 171
㉔ 156

64쪽

㉕ 110
㉖ 112
㉗ 122
㉘ 125
㉙ 110
㉚ 151
㉛ 114
㉜ 134
㉝ 140
㉞ 155
㉟ 172
㊱ 151

65쪽

㊲ 101
㊳ 123
㊴ 104
㊵ 120
㊶ 134
㊷ 112
㊸ 142
㊹ 120
㊺ 142
㊻ 141
㊼ 151
㊽ 136
㊾ 122
㊿ 174
(51) 168
(52) 121
(53) 130
(54) 165
(55) 143
(56) 163
(57) 127

15 여러 가지 방법으로 덧셈하기(1)

66쪽 ❗정답을 계산 순서대로 확인합니다.

❶ 50, 16, 66 / 7, 59, 66
❷ 70, 14, 84 / 8, 76, 84

67쪽

❸ 20, 20, 30, 43 / 20, 37, 43
❹ 5, 5, 13, 83 / 30, 75, 83
❺ 8, 50, 60, 72 / 10, 68, 72
❻ 9, 9, 13, 93 / 20, 84, 93

68쪽

❼ 60, 12, 72 / 8, 64, 72
❽ 40, 13, 53 / 4, 49, 53
❾ 70, 11, 81 / 10, 75, 81

69쪽

❿ 40, 40, 50, 65 / 40, 59, 65
⓫ 7, 7, 16, 86 / 50, 77, 86
⓬ 40, 40, 60, 73 / 20, 68, 73
⓭ 7, 7, 13, 93 / 30, 86, 93

16 여러 가지 방법으로 덧셈하기(2)

70쪽 ❗정답을 계산 순서대로 확인합니다.

❶ 1, 40, 54 / 1, 55, 54
❷ 3, 30, 81 / 3, 84, 81

71쪽

❸ 1, 30, 45 / 1, 1, 45
❹ 2, 20, 45 / 2, 2, 45
❺ 3, 50, 81 / 3, 3, 81
❻ 4, 30, 71 / 4, 4, 71

72쪽

❼ 2, 60, 75 / 2, 77, 75
❽ 4, 40, 84 / 4, 88, 84
❾ 3, 30, 86 / 3, 89, 86

73쪽

❿ 1, 50, 72 / 1, 1, 72
⓫ 3, 40, 73 / 3, 3, 73
⓬ 2, 40, 82 / 2, 2, 82
⓭ 4, 20, 81 / 20, 85, 81

2 덧셈

74쪽

1 129
2 145
3 118
4 157
5 111
6 113
7 132
8 151

75쪽

9 107
10 109
11 127
12 118
13 128
14 117
15 110
16 115
17 181
18 134

76쪽

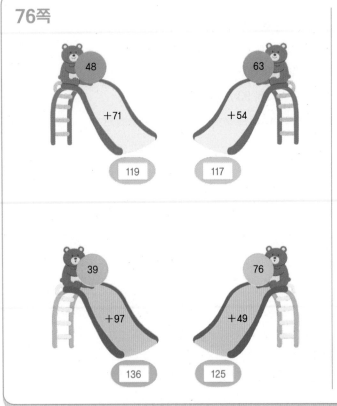

77쪽

78쪽

1 25
2 52
3 65
4 83
5 81
6 145
7 137
8 112
9 135
10 133

79쪽

11 47
12 83
13 125
14 118
15 107
16 151
17 62
18 86
19 127
20 115

19 받아내림이 있는 (두 자리 수) − (한 자리 수)

82쪽

① 16 ② 28 ③ 35 ④ 57 ⑤ 69 ⑥ 88

83쪽

⑦ 16 ⑧ 17 ⑨ 19 ⑩ 28 ⑪ 27 ⑫ 27 ⑬ 35 ⑭ 38 ⑮ 43 ⑯ 48 ⑰ 59 ⑱ 59 ⑲ 69 ⑳ 67 ㉑ 74 ㉒ 78 ㉓ 89 ㉔ 88

84쪽

㉕ 16 ㉖ 18 ㉗ 24 ㉘ 28 ㉙ 38 ㉚ 43 ㉛ 49 ㉜ 55 ㉝ 67 ㉞ 78 ㉟ 79 ㊱ 89

85쪽

㊲ 19 ㊳ 19 ㊴ 22 ㊵ 26 ㊶ 29 ㊷ 39 ㊸ 38 ㊹ 39 ㊺ 46 ㊻ 49 ㊼ 47 ㊽ 55 ㊾ 59 ㊿ 59 (51) 66 (52) 68 (53) 68 (54) 77 (55) 75 (56) 87 (57) 87

20 받아내림이 있는 (몇십) − (몇십몇)

86쪽

① 5 ② 16 ③ 12 ④ 43 ⑤ 11 ⑥ 37

87쪽

⑦ 6 ⑧ 9 ⑨ 23 ⑩ 14 ⑪ 27 ⑫ 15 ⑬ 8 ⑭ 31 ⑮ 22 ⑯ 19 ⑰ 56 ⑱ 43 ⑲ 25 ⑳ 44 ㉑ 28 ㉒ 77 ㉓ 41 ㉔ 22

88쪽

㉕ 8	㉙ 34	㉝ 56
㉖ 11	㉚ 18	㉞ 13
㉗ 5	㉛ 39	㉟ 59
㉘ 33	㉜ 17	㊱ 15

89쪽

㊲ 3	㊹ 11	㊿ 62
㊳ 18	㊺ 45	52 49
㊴ 5	㊻ 37	53 15
㊵ 21	㊼ 26	54 74
㊶ 7	㊽ 52	55 63
㊷ 34	㊾ 44	56 36
㊸ 29	50 15	57 18

21 계산 Plus+ (두 자리 수) − (한 자리 수), (몇십) − (몇십몇)

90쪽

❶ 16	❺ 14
❷ 37	❻ 22
❸ 68	❼ 20
❹ 84	❽ 53

91쪽

❾ 26	⓬ 27
❿ 59	⓭ 36
⓫ 76	⓮ 38

92쪽

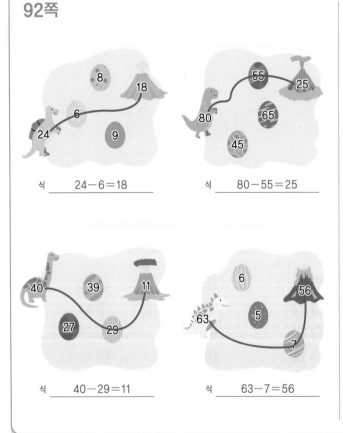

식 24−6=18

식 80−55=25

식 40−29=11

식 63−7=56

93쪽

13	24	38	68	88
돌	솥	비	빔	밥

22 받아내림이 있는 (두 자리 수) − (두 자리 수)

94쪽

❶ 16
❷ 16
❸ 28
❹ 18
❺ 36
❻ 29

95쪽

❼ 8
❽ 17
❾ 15
❿ 27
⓫ 15
⓬ 25
⓭ 24
⓮ 49
⓯ 17
⓰ 16
⓱ 29
⓲ 39
⓳ 47
⓴ 57
㉑ 18
㉒ 55
㉓ 69
㉔ 48

96쪽

㉕ 6
㉖ 8
㉗ 28
㉘ 29
㉙ 38
㉚ 26
㉛ 28
㉜ 19
㉝ 67
㉞ 29
㉟ 52
㊱ 39

97쪽

㊲ 7
㊳ 13
㊴ 8
㊵ 25
㊶ 14
㊷ 14
㊸ 39
㊹ 18
㊺ 5
㊻ 27
㊼ 38
㊽ 25
㊾ 43
㊿ 19
51 67
52 46
53 19
54 17
55 47
56 77
57 69

23 여러 가지 방법으로 뺄셈하기(1)

98쪽 ❗정답을 계산 순서대로 확인합니다.

❶ 7, 20, 13 / 29, 12, 13
❷ 6, 30, 24 / 49, 23, 24

99쪽

❸ 4, 4, 16 / 39, 15, 16
❹ 8, 8, 22 / 59, 21, 22
❺ 1, 1, 29 / 69, 28, 29
❻ 30, 50, 45 / 79, 44, 45
❼ 50, 40, 38 / 89, 37, 38

100쪽

❽ 9, 20, 11 / 49, 10, 11
❾ 3, 50, 47 / 69, 46, 47
❿ 4, 30, 26 / 89, 25, 26

101쪽

⓫ 9, 9, 21 / 39, 20, 21
⓬ 6, 6, 34 / 59, 33, 34
⓭ 2, 2, 38 / 69, 37, 38
⓮ 50, 30, 23 / 79, 22, 23
⓯ 40, 50, 42 / 89, 41, 42

3 뺄셈

24 여러 가지 방법으로 뺄셈하기(2)

102쪽 ❶정답을 계산 순서대로 확인합니다.

❶ 40, 22, 25 / 5, 30, 25
❷ 50, 31, 37 / 3, 40, 37

103쪽

❸ 30, 13, 18 / 2, 2, 18
❹ 60, 25, 27 / 3, 3, 27
❺ 70, 52, 56 / 4, 4, 56
❻ 80, 46, 49 / 33, 50, 49
❼ 90, 34, 35 / 51, 40, 35

104쪽

❽ 60, 34, 39 / 1, 40, 39
❾ 70, 32, 34 / 6, 40, 34
❿ 90, 43, 46 / 4, 50, 46

105쪽

⑪ 30, 16, 17 / 3, 3, 17
⑫ 50, 14, 16 / 4, 4, 16
⑬ 60, 31, 34 / 6, 6, 34
⑭ 80, 35, 39 / 44, 40, 39
⑮ 90, 22, 28 / 66, 30, 28

25 계산 Plus+ (두 자리 수) − (두 자리 수)

106쪽

❶ 7
❷ 18
❸ 15
❹ 17
❺ 37
❻ 36
❼ 34
❽ 39

107쪽

❾ 6
❿ 4
⑪ 33
⑫ 28
⑬ 18
⑭ 49
⑮ 17
⑯ 36
⑰ 15
⑱ 29

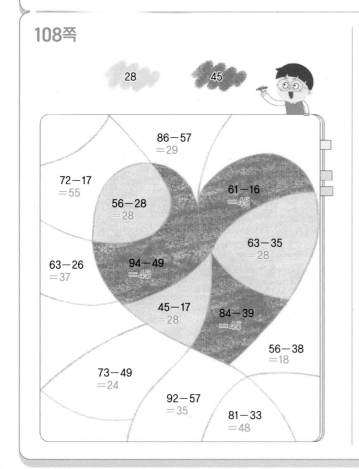

26 덧셈과 뺄셈의 관계

❶ 16, 7 / 7, 16

❷ 24, 18 / 18, 24

❸ 37, 13 / 13, 37

❹ 45, 27 / 27, 45

❺ 22, 17, 5
/ 22, 5, 17

❻ 44, 26, 18
/ 44, 18, 26

❼ 60, 34, 26
/ 60, 26, 34

❽ 54, 45, 9
/ 54, 9, 45

❾ 91, 53, 38
/ 91, 38, 53

❿ 70, 58, 12
/ 70, 12, 58

⓫ 93, 69, 24
/ 93, 24, 69

⓬ 97, 78, 19
/ 97, 19, 78

112쪽

⑬ 9, 14 / 14, 9
⑭ 17, 8 / 8, 17
⑮ 13, 17 / 17, 13
⑯ 18, 28 / 28, 18

⑰ 46, 7 / 7, 46
⑱ 39, 21 / 21, 39
⑲ 25, 49 / 49, 25
⑳ 38, 54 / 54, 38

113쪽

㉑ 16, 8, 24
 / 8, 16, 24
㉒ 18, 19, 37
 / 19, 18, 37
㉓ 8, 32, 40
 / 32, 8, 40
㉔ 36, 15, 51
 / 15, 36, 51

㉕ 33, 29, 62
 / 29, 33, 62
㉖ 27, 43, 70
 / 43, 27, 70
㉗ 17, 66, 83
 / 66, 17, 83
㉘ 59, 38, 97
 / 38, 59, 97

27 덧셈식에서 □의 값 구하기

114쪽

❶ 19, 19
❷ 7, 7

❸ 25, 25
❹ 12, 12

115쪽

❺ 16, 16
❻ 16, 16
❼ 9, 9
❽ 19, 19

❾ 45, 45
❿ 17, 17
⓫ 24, 24
⓬ 33, 33

116쪽

⑬ 14
⑭ 9
⑮ 13
⑯ 37
⑰ 28
⑱ 17

⑲ 29
⑳ 38
㉑ 29
㉒ 34
㉓ 24
㉔ 18

117쪽

㉕ 15
㉖ 17
㉗ 24
㉘ 27
㉙ 19
㉚ 22

㉛ 28
㉜ 16
㉝ 18
㉞ 22
㉟ 19
㊱ 18

28 뺄셈식에서 □의 값 구하기

118쪽

① 13, 13 　　**③** 18, 18

② 17, 17 　　**④** 24, 24

119쪽

⑤ 23, 23 　　**⑨** 41, 41

⑥ 24, 24 　　**⑩** 54, 54

⑦ 32, 32 　　**⑪** 61, 61

⑧ 40, 40 　　**⑫** 85, 85

120쪽

⑬ 9 　　**⑲** 15

⑭ 18 　　**⑳** 24

⑮ 17 　　**㉑** 39

⑯ 8 　　**㉒** 16

⑰ 25 　　**㉓** 47

⑱ 28 　　**㉔** 49

121쪽

㉕ 20 　　**㉛** 73

㉖ 25 　　**㉜** 74

㉗ 31 　　**㉝** 76

㉘ 57 　　**㉞** 82

㉙ 61 　　**㉟** 85

㉚ 62 　　**㊱** 90

29 계산 Plus+ 덧셈식과 뺄셈식에서 □의 값 구하기

122쪽

① 17, 41 / 41, 17 / 41, 17, 24

② 28, 67 / 67, 28 / 67, 28, 39

③ 50, 34 / 34, 50 / 16, 34, 50

④ 73, 44 / 44, 73 / 29, 44, 73

123쪽

⑤ 28 　　**⑨** 9

⑥ 12 　　**⑩** 31

⑦ 37 　　**⑪** 72

⑧ 49 　　**⑫** 91

3 뺄셈

124쪽

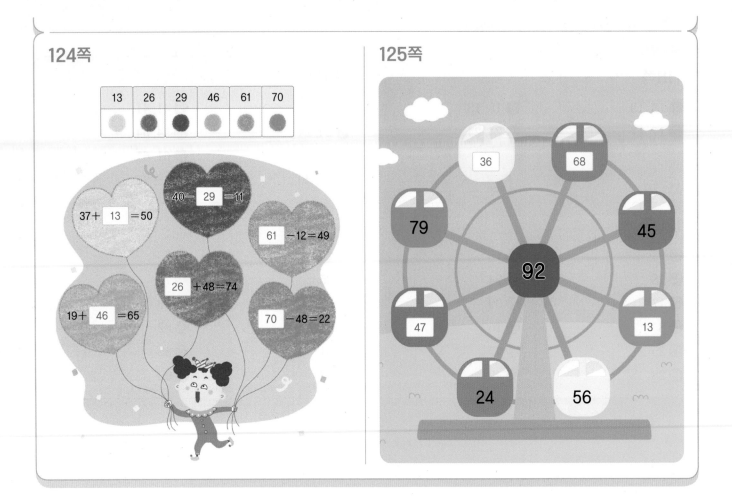

13	26	29	46	61	70

40— 29 =11

37+ 13 =50

61 —12=49

26 +48=74

19+ 46 =65

70 —48=22

125쪽

36
68
79
45
92
47
13
24
56

30 뺄셈 평가

126쪽

❶ 25	❻ 17
❷ 13	❼ 21
❸ 32	❽ 45
❹ 29	❾ 47
❺ 39	❿ 28

127쪽

⓫ 27	⓱ 16
⓬ 32	⓲ 26
⓭ 28	⓳ 28
⓮ 14	⓴ 61
⓯ 54	
⓰ 74	

4 세 수의 덧셈과 뺄셈

31 세 수의 덧셈

130쪽 ❶정답을 계산 순서대로 확인합니다.

❶ 25, 31 / 31   ❸ 42, 50 / 50
❷ 32, 48 / 48   ❹ 43, 56 / 56

131쪽

❺ 13, 29 / 29   ❾ 30, 38 / 38
❻ 26, 61 / 61   ❿ 49, 55 / 55
❼ 22, 54 / 54   ⓫ 28, 67 / 67
❽ 39, 85 / 85   ⓬ 75, 93 / 93

132쪽

⓭ 29   ⓴ 90
⓮ 33   ㉑ 111
⓯ 54   ㉒ 41
⓰ 55   ㉓ 65
⓱ 50   ㉔ 82
⓲ 66   ㉕ 80
⓳ 73   ㉖ 93

133쪽

㉗ 46   ㉞ 94
㉘ 61   ㉟ 77
㉙ 80   ㊱ 82
㉚ 54   ㊲ 104
㉛ 70   ㊳ 83
㉜ 75   ㊴ 93
㉝ 95   ㊵ 118

32 세 수의 뺄셈

134쪽 ❶정답을 계산 순서대로 확인합니다.

❶ 16, 12 / 12   ❸ 54, 45 / 45
❷ 43, 37 / 37   ❹ 79, 71 / 71

135쪽

❺ 45, 34 / 34   ❾ 54, 19 / 19
❻ 73, 39 / 39   ❿ 48, 29 / 29
❼ 27, 19 / 19   ⓫ 47, 12 / 12
❽ 37, 30 / 30   ⓬ 65, 8 / 8

136쪽

⓭ 9   ⓴ 10
⓮ 20   ㉑ 29
⓯ 28   ㉒ 16
⓰ 37   ㉓ 11
⓱ 51   ㉔ 9
⓲ 16   ㉕ 25
⓳ 19   ㉖ 28

137쪽

㉗ 6   ㉞ 36
㉘ 2   ㉟ 22
㉙ 10   ㊱ 20
㉚ 19   ㊲ 29
㉛ 7   ㊳ 5
㉜ 26   ㊴ 28
㉝ 21   ㊵ 37

4 세 수의 덧셈과 뺄셈

33 세 수의 덧셈과 뺄셈

138쪽 ❶ 정답을 계산 순서대로 확인합니다.

❶ 22, 18 / 18　　❸ 63, 55 / 55

❷ 46, 19 / 19　　❹ 82, 49 / 49

139쪽

❺ 16, 23 / 23　　❾ 25, 31 / 31

❻ 38, 40 / 40　　❿ 39, 44 / 44

❼ 28, 47 / 47　　⓫ 25, 42 / 42

❽ 46, 74 / 74　　⓬ 17, 56 / 56

140쪽

⓭ 17　　⓴ 14

⓮ 26　　㉑ 43

⓯ 57　　㉒ 8

⓰ 22　　㉓ 34

⓱ 46　　㉔ 46

⓲ 55　　㉕ 37

⓳ 84　　㉖ 39

141쪽

㉗ 24　　㉞ 48

㉘ 33　　㉟ 56

㉙ 62　　㊱ 34

㉚ 43　　㊲ 53

㉛ 71　　㊳ 40

㉜ 20　　㊴ 76

㉝ 34　　㊵ 54

34 계산 Plus+ 세 수의 덧셈과 뺄셈

142쪽

❶ 32　　❺ 26

❷ 86　　❻ 57

❸ 18　　❼ 51

❹ 21　　❽ 45

143쪽

❾ 73　　⓮ 7

❿ 66　　⓯ 29

⓫ 81　　⓰ 46

⓬ 12　　⓱ 55

⓭ 18　　⓲ 51

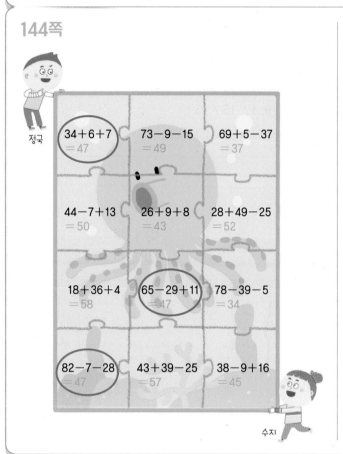

정국

34+6+7
=47

73-9-15
=49

69+5-37
=37

44-7+13
=50

26+9+8
=43

28+49-25
=52

18+36+4
=58

65-29+11
=47

78-39-5
=34

82-7-28
=47

43+39-25
=57

38-9+16
=45

수지

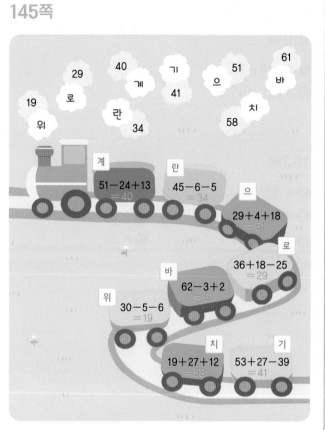

29
40
기
51
61
19
계
41
으
바
위
로
란
치
34
58

계
51-24+13
=40

란
45-6-5
=34

으
29+4+18
=51

로
36+18-25
=29

바
62-3+2
=61

위
30-5-6
=19

치
19+27+12
=58

기
53+27-39
=41

35 세 수의 덧셈과 뺄셈 평가

❶ 30
❷ 52
❸ 67
❹ 87
❺ 93

❻ 7
❼ 9
❽ 16
❾ 11
❿ 19

⓫ 27
⓬ 42
⓭ 38
⓮ 34
⓯ 24
⓰ 72

⓱ 68
⓲ 19
⓳ 25
⓴ 44

5 곱셈

36 묶어 세기

150쪽
❶ 2 / 16 / 16
❷ 3 / 12, 18 / 18

151쪽
❸ 4 / 14, 21, 28 / 28
❹ 5 / 6, 9, 12, 15 / 15
❺ 6 / 8, 12, 16, 20, 24 / 24

152쪽
❻ 6, 12
❼ 3, 15
❽ 4, 16
❾ 2, 18
❿ 4, 24
⓫ 5, 35

153쪽
⓬ 2, 14
⓭ 6, 18
⓮ 3, 27
⓯ 5, 30
⓰ 4, 32
⓱ 9, 45

37 몇의 몇 배

154쪽
❶ 2, 2 / 7, 14
❷ 6, 6 / 4, 4, 4, 24

155쪽
❸ 3, 3 / 9, 9, 27
❹ 4, 4 / 6, 6, 6, 24
❺ 5, 5 / 3, 3, 3, 3, 15
❻ 8, 8 / 2, 2, 2, 2, 2, 2, 16

156쪽
❼ 3, 3 / 7, 7, 21
❽ 4, 4 / 8, 8, 8, 32
❾ 5, 5 / 9, 9, 9, 9, 45
❿ 7, 7 / 4, 4, 4, 4, 4, 4, 28

157쪽
⓫ 3 / 5, 5, 15
⓬ 4 / 2, 2, 2, 8
⓭ 5 / 7, 7, 7, 7, 35
⓮ 6 / 8, 8, 8, 8, 8, 48
⓯ 7 / 6, 6, 6, 6, 6, 6, 42

38 곱셈식

39 계산 Plus+ 곱셈

5 곱셈

164쪽

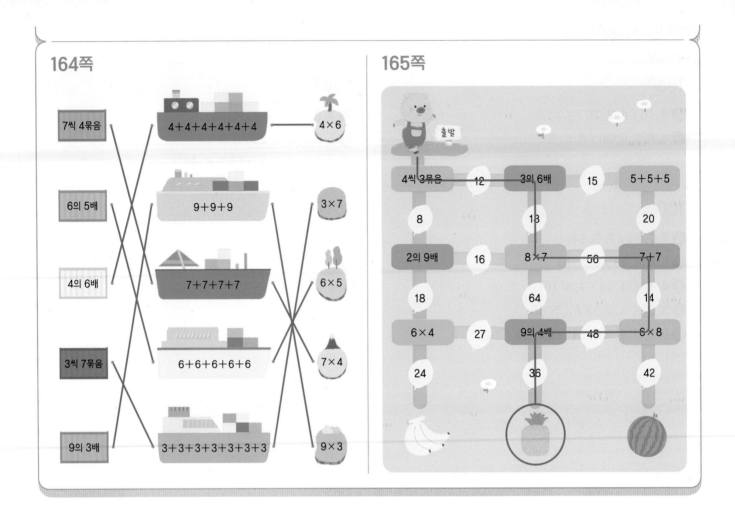

165쪽

40 곱셈 평가

166쪽

❶ 3 / 3
／4+4+4=12

❷ 4 / 4
／5+5+5+5=20

❸ 6 / 6
／3+3+3+3+3+3
=18

❹ 2 / 2
／9+9=18

❺ 3 / 3
／8+8+8=24

❻ 5 / 5
／7+7+7+7+7
=35

167쪽

❼ 5+5=10 / 5×2=10

❽ 8+8+8+8=32
／8×4=32

❾ 9+9+9+9+9=45
／9×5=45

❿ 6+6+6+6+6+6
=36 / 6×6=36

⓫ 8 / 4, 2, 8

⓬ 27 / 9, 3, 27

⓭ 12 / 3, 4, 12

⓮ 30 / 6, 5, 30

⓯ 42 / 7, 6, 42

170쪽

❶ 500
❷ 476
❸ 819
❹ 702
❺ 941

❻ 33
❼ 53
❽ 91
❾ 127
❿ 139
⓫ 111
⓬ 23
⓭ 48

171쪽

⓮ 53
⓯ 14
⓰ 13
⓱ 33
⓲ 55
⓳ 126
⓴ 9
㉑ 9
㉒ 22

㉓ 3+3+3+3=12
/ 3×4=12
㉔ 7+7+7=21
/ 7×3=21
㉕ 5+5+5+5+5=25
/ 5×5=25

172쪽

❶ 300
❷ 70
❸ 2
❹ 800
❺ 6

❻ 47
❼ 71
❽ 139
❾ 104
❿ 59
⓫ 16
⓬ 47
⓭ 45

173쪽

⓮ 81
⓯ 110
⓰ 35
⓱ 17
⓲ 31
⓳ 36
⓴ 40
㉑ 116

㉒ 2+2+2+2+2=10
/ 2×5=10
㉓ 3+3+3+3+3+3
=18
/ 3×6=18
㉔ 7+7+7+7+7+7
+7+7=56
/ 7×8=56
㉕ 9+9+9+9+9+9
+9+9+9=81
/ 9×9=81

174쪽

1 212, 214, 215
2 655, 665, 695
3 >
4 <
5 <

6 92
7 148
8 107
9 161
10 38
11 37
12 57

175쪽

13 18
14 23
15 29
16 39
17 100
18 13
19 43
20 102

21 21 / 3, 7, 21
22 30 / 6, 5, 30
23 32 / 4, 8, 32
24 42 / 7, 6, 42
25 72 / 8, 9, 72

완자·공부력·시리즈 매일 4쪽으로 스스로 공부하는 힘을 기릅니다.

대표전화 1544-0554
주소 서울특별시 구로구 디지털로33길 48 대륭포스트타워 7차 20층